V 2155.
12 P. t.

TABLES
DE COMPARAISON
ENTRE LES ANCIENS POIDS ET MESURES
DU DÉPARTEMENT DE L'HÉRAULT
ET LES NOUVEAUX POIDS ET MESURES.

PRÉCÉDÉES *d'une instruction pour en faciliter l'intelligence, et suivies d'un vocabulaire ou liste alphabétique des Communes du Département de l'Hérault, qui indique les numéro des tables où la réduction des Mesures de chaque commune est opérée.*

PAR M. FORT aîné, de St-Pons, nommé par Monsieur le Préfet du même Département, sur l'avis de la Commission des Poids et Mesures, pour aller dans toutes les communes peu voisines de Montpellier, vérifier ce genre d'objets et recueillir des renseignemens ultérieurs, ceux qu'avaient déjà transmis, et même à plusieurs reprises, un certain nombre d'entr'elles, ayant été reconnus erronés ou insuffisans.

A MONTPELLIER,
De l'Imprimerie d'AUGUSTE RICARD, Rue Arc d'Arènes, Maison Plagniol, N.o 9.

Thermidor an XIII.

L'auteur desirant jouir du bénéfice de la loi du 19 juillet 1793, désavoue et déclare contrefaçon, tous les exemplaires qui ne seront pas revêtus de sa signature.

fort aîné

N. B. Les lettres qu'on trouve entre deux parenthèses, indiquent des notes qu'il est essentiel de lire ; ces notes sont placées page 110 et suivantes. Voyez aussi l'appendice page 113.

INSTRUCTION.

Les tables de comparaison qui font l'objet de cet ouvrage, nécessitent, pour être bien entendues et pour pouvoir en faire usage, la connaissance de ce qu'on appelle les quatre premières règles de l'arithmétique; avec ces connaissances préliminaires, on répondra, au moyen de ces tables, aux questions suivantes:

1.º Réduire une ancienne Mesure en nouvelle ?

2.º Réduire une nouvelle Mesure en ancienne ?

3.º Connaître le prix de la nouvelle Mesure d'après le prix connu de l'ancienne ?

4.º Connaissant le prix de la nouvelle Mesure, déterminer celui de l'ancienne Mesure ?

Ce sont là les quatre questions qui se présentent le plus fréquemment dans les usages journaliers de la vie et du commerce.

Ces tables contiennent 144 numéro, qui présentent le rapport entre les anciennes mesures en usage dans le Département, et les nouvelles ; elles sont divisées en deux sections.

La première section ne se compose que des numéro depuis 1 jusqu'à 8 inclusivement ; ces 8 numéro présentent la réduction des mesures communes à tout le département, comme la canne, la livre poids de table, etc. La seconde section, composée des numéro depuis 9 jusqu'à 144 inclusivement, présente la réduction des Mesures en usage dans le département qui varient suivant les lieux, *savoir*, les Mesures agraires, et les Mesures de capacité pour les grains, le vin et l'huile.

Ces tables sont suivies d'un vocabulaire ou liste alphabétique des communes du département, indiquant le rapport de l'unité principale de chacune des quatre espèces des Mesures variables, en usage dans chaque commune, et le numéro où la réduction en est opérée ; il faudra donc préalablement chercher dans le vocabulaire, au nom de la commune, à quel numéro l'on doit recourir pour opérer la réduction d'une Mesure quelconque ; c'est ce qui va être démontré par quelques exemples sur chacune des quatre questions ci-dessus énoncées.

Ire QUESTION.

Réduire une ancienne Mesure en nouvelle ?

EXEMPLE Ier : Combien font 48 cannes en mètres ?

La canne étant une des Mesures communes à tout le département, on cherchera dans la première section, et on trouvera, par le rapport qui en est présenté au n.º 1, que la canne vaut 1.9874 mètres. Multipliez cette valeur par 48, le produit sera la quantité demandée.

OPÉRATION :

1.9874

48

15 8992

79 496

95.3952

Pour faire cette opération, après avoir fait la multiplication, dans la forme ordinaire, sans égard au point décimal, donnez au produit la véritable valeur qu'il doit avoir, en séparant par le point autant de chiffres vers la droite, qu'il y a de décimales dans les deux facteurs ; on aura, en abandonnant la dernière décimale, 95.395 mètres ; ce qui signifie

95 mètres 395 millimètres. Si la décimale abandonnée eût excédé 5, on l'aurait comptée pour une unité du degré immédiatement supérieur.

EXEMPLE II.ᴱ : Combien font en hectares (arpens nouveaux) 25 séterées Mesure de Mauguio ?

Ayant cherché dans le vocabulaire, au mot Mauguio, on trouve que la réduction de la séterée est présentée au N.º 31. On voit à ce N.º qu'elle vaut 19.9952 ares (perches nouvelles). Multipliez la valeur d'une séterée par 25, le produit résultant de cette multiplication sera la valeur demandée.

OPÉRATION.

$$19.9953$$
$$25$$

$$99\ 9765$$
$$399\ 906$$

$$499.8825$$

La multiplication faite, séparez par le point décimal (attendu qu'il y a quatre décimales au multiplicande) 4 chiffres dans le produit, vous aurez 499.88 ares pour la quantité cherchée ; ou pour répondre littéralement à la question, 4 hectares (arpens nouveaux) 99 ares (perches nouvelles) 88 centiares (centièmes de perche) en abandonnant les deux dernières décimales.

II.ᵉ QUESTION.

Réduire une nouvelle Mesure en ancienne ?

EXEMPLE : Combien 25 hectolitres (setiers nouveaux) valent-ils en setiers Mesure de Montpellier ?

Ayant trouvé dans le vocabulaire, au mot Montpellier , que la réduction du setier de cette commune est opérée au N.º 63 ; je cherche à ce N.º et je trouve que l'hectolitre vaut 2 setiers 0.53 *pugnère*, Mesure de Montpellier. On multipliera séparément 2 setiers et 0.53 *pugnère* par 25 , on ajoutera ensemble les deux produits partiels ; et le produit général sera la valeur des 25 hectolitres en setiers de Montpellier.

OPÉRATIONS.

25	0.53 *pugnère.*
2 setiers.	25
50 set.	2 65
1 set. 1.25 *pugnère.*	10 6
51 set. 1.25 *pugnère.*	13.25 *pugnères.*

On remarquera au n.º 63 que le setier, Mesure de Montpellier , se divise en 12 *pugnères,* que dès-lors le produit résultant de la multiplication de 0.53 *pugnère* par 25 , contient 1 setier 1.25 *pugnère;* on ajoutera ce produit au produit 50, résultant de la multiplication de 25 par 2 : le total 51 setiers 1.25 *pugnère,* est la valeur des 25 hectolitres en setiers , Mesure de Montpellier.

III.ᵉ QUESTION.

*Connaître le prix de la nouvelle Mesure,
d'après le prix connu de l'ancienne ?*

Les prix des nouvelles et des anciennes Mesures sont en même rapport entr'eux, que ces Mesures elles-mêmes. Si donc, connaissant le prix de l'ancienne Mesure, on veut savoir celui de la nouvelle Mesure correspondante, il suffira de diviser le prix de l'ancienne Mesure par la valeur de cette même Mesure en Mesures nouvelles ; le quotient résultant de cette division sera le prix cherché de la nouvelle Mesure.

EXEMPLE: A 14 francs le setier, Mesure de Montpellier, à combien revient l'hectolitre (setier nouveau)?

Divisez 14 francs par 0.4892 hectolitres, valeur de l'ancien setier.

Pour faire cette division, ajoutez au prix

donné 4 zéro, pour tenir lieu des 4 décimales qui sont dans le diviseur ; et opérez,
comme si vous aviez à diviser 140000 par
4892.

OPÉRATION.

$$
\begin{array}{r|l}
140000 & 4892 \\
9784 & 28.61 \\
\hline
42160 & \\
39136 & \\
\hline
\quad 3026o \; (\text{zéro ajouté, pour obtenir de 10.mes}) \\
\quad 29352 \\
\hline
\qquad 9080 \; (\text{zéro ajouté, pour obtenir des 100.mes}) \\
\qquad 4892 \\
\hline
\qquad 4188
\end{array}
$$

La division faite comme à l'ordinaire, on
trouve le quotient 28 , qui exprime des
francs avec 3026 de reste. Ce reste est une
fraction du franc, qu'il est question d'évaluer;
ajoutez pour cela sur la droite de ce reste
un zéro ; continuant la division, on trouve
au quotient 6 , qu'on sépare des unités par
un point décimal et un reste de 908 ; ajou-
tant à ce nouveau reste un second zéro, et
continuant la division, on trouve ı au
quotient avec 4188 de reste ; comptant ce
reste pour ı unité du dernier degré, c'est-

à-dire, pour un centième, attendu qu'il excède la moitié du diviseur, on obtiendra le quotient 28.62 qui exprime 28 francs 62 centimes ; c'est le prix de l'hectolitre demandé.

IV.ᵉ QUESTION.

Connaissant le prix de la nouvelle Mesure, déterminer celui de l'ancienne ?

Pour faire ces opérations, il faut multiplier le prix de la nouvelle Mesure, par le rapport de l'ancienne Mesure à la nouvelle.

EXEMPLE : A 28 francs 62 centimes l'hectolitre de blé, à combien revient le setier, Mesure de Montpellier ?

Multipliez 0.4892 hectolitre, rapport du setier ancien à l'hectolitre par 28 f. 62 c. (prix de l'hectolitre); le résultat de cette multiplication sera le prix de l'ancien setier.

OPÉRATION.

$$0.4892$$
$$2862$$

$$9784$$
$$29352$$
$$39136$$
$$9784$$

$$14.000904$$

Le produit de la multiplication trouvé, séparez par le point décimal autant de chiffres vers la droite, qu'il y a en tout de décimales dans les deux facteurs ; vous aurez alors pour prix de l'ancien setier 14 francs, avec une fraction qu'on néglige, puisqu'elle n'équivaut qu'à 9 centièmes de centime.

Cette opération a servi, en passant, à prouver celle de la 3.e question.

Je ne donnerai pas d'autres exemples pour l'intelligence de ces tables, on s'en rendra la pratique familière, en s'en créant soi-même à l'aide de ceux que je viens de donner.

Je terminerai cette instruction par quelques observations essentielles. Quoique le mot de l'unité soit placé après les décimales, il est censé placé immédiatement après le point décimal ; ainsi, lorsqu'on trouvera ces expressions 15.784 mètres, 16.75 litres, etc. on lira comme s'il y avait 15 mètres 784 millimètres, 16 litres 75 centilitres, etc.

Pour ne pas répéter à chaque n.º les noms de la nomenclature vulgaire, permise par l'arrêté du 13 brumaire an 9, on s'est contenté de les mettre seulement au premier n.º de chaque espèce de mesure de la seconde section ; c'est donc au premier n.º de chacun des quatre genres de mesures variables, qu'il faudra avoir recours pour connaître cette nouvelle nomenclature.

COMPARAISON

Entre les anciens Poids et Mesures en usage dans le Département de l'Hérault, et ceux qui les remplacent dans le nouveau système.

PREMIERE SECTION.

MESURES COMMUNES A TOUT LE DÉPARTEMENT.

I. MESURES LINÉAIRES.

N.º 1.

COMPARAISON de la Canne avec le Mètre.

La Canne (divisée en 8 Pans) vaut   1.9874 Mètres.
Le Pan (divisé en 9 Menus) vaut   0.2484.
Le Menu vaut   0.0276.

Le Mètre vaut 0.5032 Cannes, ou bien 4.03 Pans.
Le Décimètre   0.0503 Cannes, ou bien 0.403.

N.º 2.

COMPARAISON de la Toise avec le Mètre.

La Toise (divisée en 6 Pieds) vaut 1.94904 Mètres.
Le Pied (divisé en 12 Pouces)   0.32484.
Le Pouce (divisé en 12 lignes)   0.02707.
La Ligne   0.00226.

Le Mètre vaut 0.513074 Toises, ou 36 Pouces 11.296 lignes.
Le Décimètre 0.051307   ou 3   8.330.
Le Centimt. 0.005131   ou 0   4.433.
Le Millimt. 0.000513   ou 0   0.443.

II. MESURES DE SUPERFICIE OU CARRÉES.

N.º 3.

De la Canne carrée comparée avec le Mètre.

La Canne carrée vaut 3.9497 Mèt. carrés et contient 64 Pans.
Le Pan carré   0.0617 Mètres carrés.

Le Mètre carré vaut   16.2038 Pans carrés.
Le Décimètre carré   0.1620.
Le Centimètre carré   0.0016.

N.º 4.

De la Toise carrée comparée avec le Mètre carré.

La Toise carrée vaut   3.798744 Mètres carrés.
Le Pied carré   0.105521.
Le Pouce carré   0.000733.
La Ligne carrée   0.000005.

Le Mètre carré vaut {
En Toises carrées   0.263245.
En Pieds carrés   9.476820.
En Pouces carrés   1364.662.
En lignes carrées   196511.3.

III. MESURES DE SOLIDITÉ OU CUBIQUES.

N.º 5.

De la Canne cube comparée avec le Mètre cube.

La Canne cube contient 7.849578 Mètres cubes.
Le Pan cube   0.015331.

Le Mètre cube vaut 65.227 Pans cubes.
Le Décimètre cube   0.065.

N.º 6.

De la Toise cube comparée avec le Mètre cube.

La Toise cube vaut en Mètres cubes 7.403887.
Le Pied cube   0.034277.
Le Pouce cube   0.000019836.
La Ligne cube   0.000000011.

Le Mètre cube vaut
- En Toises cubes   0.135064.
- En Pieds cubes   29.17387.
- En Pouces cubes   50412.44.

Le Décimt. cube v.
- En Toises cubes   0.00013506.
- En Pieds cubes   0.0291739.
- En Pouces cubes   50.41244.
- En Lignes cubes   87112.7.

Le Centimt. cube v.
- En Pouces cubes   0.05041.
- En Lignes cubes   87.113.

N.º 7. (*Voy. la note* A).

Du Mètre cube ou Stère comparé avec les anciennes mesures pour les Bois de chauffage et de charpente.

Le Stère vaut en Voie de Bois	0.52096.
en Corde des eaux et forêts	0.26048.
La Voie de Bois vaut en Stères	1.9195.
La Corde des eaux et forêts	3.8390.

Le Décistère (Solive nouvelle) vaut en Solives anciennes de trois Pieds cubes   0.97246.
La Solive ancienne vaut en Décistère   1.02832.

IV. DES POIDS.

N.º 8.

De la Livre, poids de table, comparée avec le Kilogramme ou livre nouvelle.

Le Quintal vaut	41 Kilogrammes 465 Grammes.
La Livre	414.65.
L'Once	25.92.
Le Gros	3.24.
Le Grain	0.045.

Le Kilogramme (Livre nouvelle)	2 L. 6 onc.	4 gros	50 gr.
L'Hectogramme (Once nouvelle)	3	6	63.
Le Décagramme (Gros nouveau)		3	6.26.
Le Gramme (Denier nouveau)			22.23.
Le Décigramme (Grain nouveau)			2.22.

SECONDE SECTION.

MESURES EN USAGE DANS LE DÉPARTEMENT, QUI VARIENT SUIVANT LES LIEUX.

I. MESURES AGRAIRES.

N.º 9.

SÉTERÉE de 1248 Cannes carrées ou 312 DEXTRES de 16 Pans de côté, divisée en 4 Quartes ; la Quarte subdivisée en 8 *Pugnères.*

La Séterée vaut   49.2922 Ares.
La Quarte   12.3230.
La *Pugnère*   1.5404.

L'Hectare (Arpent nouveau) vaut   2 Sét. 0.92 *Pugnère.*
L'Are (Perche métrique ou nouvelle)   0.65.

N. B. Nous donnons ici les noms de la nomenclature vulgaire que nous avons cru inutile de répéter aux numéros suivans.

N.º 10.

SÉTERÉE de 1200 Cannes carrées ou 300 DEXTRES de 16 Pans de côté, divisée en 4 Quartes; la Quarte subdivisée en 4 Boisseaux.

> La Séterée vaut 47.3964 Ares.
> La Quarte   11.8491.
> Le Boisseau   2.9623.

L'Hectare vaut 2 Séterées 0 Quarte 1.76 Boisseau.
L'Are   0.34.

N.º 11.

SÉTERÉE de 1089 Cannes carrées ou 272 $\frac{1}{4}$ DEXTRES de 16 Pans de côté, divisée en 4 Quartes; la Quarte subdivisée en 8 *Pugnères*.

> La Séterée vaut 43.0122 Ares.
> La Quarte   10.7531.
> La *Pugnère*   1.3441.

L'hectare vaut 2 Séterées 1 Quarte 2.40 *Pugnères*.
L'Are   0.744

N.º 12.

SÉTERÉE de 1024 Cannes carrées ou 256 DEXTRES de 16 Pans de côté, divisée en 4 Quartes; la Quarte subdivisée en 8 *Pugnères*, et la *Pugnère* en 8 *Dextres*.

> La Séterée vaut 40.4449 Ares.
> La Quarte   10.1112.
> La *Pugnère*   1.2639.
> Le *Dextre*   0.1580.

L'Hectare vaut 2 séterées 1 quarte 7.12 *Pugnères*.
L'Are   0.79.

N.º 13.

SÉTERÉE de 1000 Cannes carrées ou 250 DEXTRES de 16 Pans de côté, divisée en 4 Quartes ; la Quarte subdivisée en 4 *Pugnères.*

La Séterée vaut 39.4980 Ares.
La Quarte 9.8745.
La *Pugnère* 2.4686.

L'Hectare vaut 2 Séterées 2 Quartes 0.508 Boisseau.
L'Are 0.405.

N.º 14.

SÉTERÉE de 900 Cannes carrées ou 225 DEXTRES de 16 Pans de côté, divisée en 4 Quartes ; la Quarte subdivisée en 12 *Coups.*

La Séterée vaut 35.5473 Ares.
La Quarte 8.8868.
Le *Coup* 0.7406.

L'Hectare vaut 2 Séterées 3 Quartes 3.03 *Coups.*
L'Are 1.35.

N.º 15.

SÉTERÉE de 900 Cannes carrées ou 225 DEXTRES de 16 Pans de côté, divisée en 4 Quartes; la Quarte subdivisée en 7 *Pugnères.*

La Séterée vaut 35.5473 Ares.
La Quarte 8.8868.
La *Pugnère* 1.2695.

L'Hectare vaut 2 Séterées 3 Quartes 1.77 *Pugnère.*
L'Are 0.79.

N.º 16.

Sétérée de 864 Cannes carrées ou 216 Dextres de 16 Pans de côté , divisée en 4 Quartes ; la Quarte subdivisée en 4 *Pugnères.*

La Séterée vaut 34.1254 Ares.
La Quarte   8.5313.
La *Pugnère*   2.1328.

L'Hectare vaut 2 Séterées 3 Quartes 2.89 *Pugnères.*
L'Are   0.47.

N.º 17.

Sétérée de 1024 Cannes carrées Mesure de Carcassonne , qui représentent en Cannes carrées de Montpellier 825 Cannes $\frac{1}{8}$: La Canne Linéaire de Carcassonne , d'après l'étalon déposé à la Préfecture du Département de l'Aude, est de 1.784 Mètres.

Cette Séterée se divise en 4 Quartes ; la Quarte se subdivise en 4 *Pugnères.*

La Séterée vaut 32.5904 Ares.
La Quarte   8.1476.
La *Pugnère*   2.0369.

L'Hectare vaut 3 Séterées 0 Quarte 1.09 *Pugnère.*
L'Are   0.49.

N.º 18.

SÉTERÉE de 800 Cannes carrées ou 200 DEXTRES de 16 Pans de côté, divisée en 4 Quartes; la Quarte subdivisée en 4 Boisseaux.

La Séterée vaut 31.5976 Ares.

La Quarte 7.8994.

Le Boisseau 1.9748.

L'Hectare vaut 3 Séterées 0 Quarte 2.64 Boisseaux.

L'Are 0.51.

N.º 19.

SÉTERÉE de 791 Cannes 1 Pan carré ou 156 $\frac{1}{4}$ DEXTRES de 18 Pans de côté, divisée en 4 Quartes ; la Quarte subdivisée en 4 Boisseaux.

La Séterée vaut 31.2427 Ares.

La Quarte 7.8107.

Le Boisseau 1.9527.

L'Hectare vaut 3 Séterées 0 Quarte 3.53 Boisseaux.

L'Are 0.515.

N.º 20.

CARTEIRADE de 759 $\frac{5}{16}$ Cannes carrées ou 150 DEXTRES de 18 Pans de côté, divisée en 4 Quartons ; le Quarton subdivisé en 4 Boisseaux.

La *Carteirade* vaut 29.9930 Ares.

Le Quarton 7.4983.

Le Boisseau 1.8746.

L'Hectare vaut 3 *Carteirades* 1 Quarton 1.35 Boisseau

L'Are 0.53.

N.º 21.

SÉTERÉE de 700 Cannes carrées ou 175 DEXTRES de 16 Pans de côté, divisée en 4 Quartes ; la Quarte subdivisée en 4 Boisseaux.

La Séterée vaut 27.6479 Ares.
La Quarte   6.9120.
Le Boisseau   1.7280.

L'Hectare vaut 3 Séterées 2 Quartes 1.87 Boisseau.
L'Are   0.58.

N.º 22.

SÉTERÉE de 676 Cannes carrées, divisée en 4 Quartes ; la Quarte subdivisée en 4 Boisseaux.

La Séterée vaut 26.7000 Ares.
La Quarte   6.6750.
Le Boisseau   1.6687.

L'Hectare vaut 3 Séterées 2 Quartes 3.93 Boisseaux.
L'Are   0.60.

N.º 23.

SÉTERÉE de 664 Cannes carrées, divisée en 4 Quartes ; la Quarte subdivisée en 4 Boisseaux.

La Séterée vaut 26.2260 Ares.
La Quarte   6.5565.
Le Boisseau   1.6391.

L'Hectare vaut 3 Séterées 3 Quartes 1.01 Boisseau.
L'Are   0.61.

N.º 24.

SÉTERÉE de 640 Cannes carrées ou 160 DEXTRES de 16 Pans de côté, divisée en 4 Quartes; la Quarte subdivisée en 4 Boisseaux.

La Séterée vaut 25.2781 Ares.
La Quarte   6.3195.
Le Boisseau   1.5799.

L'Hectare vaut 3 Séterées 3 Quartes 3.30 Boisseaux.
L'Are   0.63.

N.º 25.

SÉTERÉE de 625 Cannes carrées ou 156 $\frac{1}{4}$ DEXTRES de 16 Pans de côté, divisée en 4 Quartes; la Quarte subdivisée en 4 Boisseaux.

La Séterée vaut 24.6856 Ares.
La Quarte   6.1714.
Le Boisseau   1.5429.

L'Hectare vaut 4 Séterées 0 Quarte 0.82 Boisseau.
L'Are   0.65.

N.º 26.

SÉTERÉE de 625 Cannes carrées ou 156 $\frac{1}{4}$ DEXTRES de 16 Pans de côté, divisée en 4 Quartes ; la Quarte subdivisée en 3 Boisseaux.

La Séterée vaut 24.6856 Ares.
La Quarte   6.1714.
Le Boisseau   2.0571.

L'Hectare vaut 4 Séterées 0 Quarte 0.61 Boisseau.
L'Are   0.65.

N.º 27. (*Voy. la Note* B).

SÉTERÉE de 624 Cannes carrées ou 156 DEXTRES
de 16 Pans de côté, divisée en 4 Quartes;
la Quarte subdivisée en 4 Boisseaux.

La Séterée vaut 24.6461 Ares.
La Quarte 6.1615.
Le Boisseau 1.5404.

L'Hectare vaut 4 Séterées o Quarte 0.92 Boisseau.
L'Are 0.65.

N.º 28. (*Voy. la note* B).

SÉTERÉE de 624 Cannes carrées ou 256 DEXTRES
de 16 Pans de côté, divisée en 4 Quartes ;
la Quarte subdivisée en 3 Boisseaux.

La Séterée vaut 24.6461 Ares.
La Quarte 6.1615.
Le Boisseau 2.0538.

L'Hectare vaut 4 Séterées o Quarte 0.69 Boisseau.
L'Are 0.65.

N.º 29.

SÉTERÉE de 600 Cannes carrées, divisée en
4 Quartes ; la Quarte subdivisée en 4
Boisseaux.

La Séterée vaut 23.6982 Ares.
La Quarte 5.9245.
Le Boisseau 1.4811.

L'Hectare vaut 4 Séterées o Quarte 3.41 Boisseaux.
L'Are 0.67.

N.o 30.

SÉTERÉE de 576 Cannes carrées ou 144 DEXTRES
de 16 Pans de côté, divisée en 4 Quartes;
la Quarte subdivisée en 4 Boisseaux.

La Séterée vaut 22.7503 Ares.
La Quarte   5.6876.
Le Boisseau   1.4219.

L'Hectare vaut 4 Séterées 1 Quarte 2.33 Boisseaux.
L'Are   0.70.

N.o 31.

SÉTERÉE de 506 $\frac{1}{4}$ Cannes carrées ou 100 DEXTRES
de 18 Pans de côté, divisée en 4 Quartes ;
la Quarte subdivisée en 4 Boisseaux.

La Séterée vaut 19.9953 Ares.
La Quarte   4.9988.
Le Boisseau   1.2497.

L'Hectare vaut 5 Séterées 0 Quarte 0.02 Boisseau.
L'Are   0.80.

N.o 32.

SÉTERÉE de 500 Cannes carrées ou 80 DEXTRES
de 20 Pans de côté, divisée en 4 Quartes ;
la Quarte subdivisée en 4 Boisseaux.

La Séterée vaut 19.7485 Ares.
La Quarte   4.9371.
Le Boisseau   1.2343.

L'Hectare vaut 5 Séterées 0 Quarte 1.02 Boisseau.
L'Are   0.81.

N.º 33.

SÉTERÉE de 496 Cannes carrées ou 124 DEXTRES
de 16 Pans de côté, divisée en 4 Quartes ;
la Quarte subdivisée en 4 Boisseaux.

La Séterée vaut 19.5910 Ares.
La Quarte 4.8978.
Le Boisseau 1.2244.

L'Hectare vaut 5 Séterées 0 Quarte 1.67 Boisseau.
L'Are 0.82.

N.º 34.

SÉTERÉE de 488 Cannes carrées ou 122 DEXTRES
de 16 Pans de côté, divisée en 4 Quartes ;
la Quarte subdivisée en 4 Boisseaux.

La Séterée vaut 19.2746 Ares.
La Quarte 4.8186.
Le Boisseau 1.2047.

L'Hectare vaut 5 Séterées 0 Quarte 3.00 Boisseaux.
L'Are 0.83.

N.º 35.

SÉTERÉE de 478 $\frac{33}{64}$ Cannes carrées ou 100
DEXTRES de 17 $\frac{1}{2}$ Pans de côté, divisée
en 4 Quartes; la Quarte subdivisée en
4 Boisseaux.

La Séterée vaut 18.8999 Ares.
La Quarte 4.7250.
Le Boisseau 1.1812.

L'Hectare vaut 5 Séterées 1 Quarte 0.66 Boisseau.
L'Are 0.85.

N.º 36.

SÉTERÉE de 451 $\frac{36}{64}$ Cannes carrées ou 100 DEXTRES de 17 Pans de côté, divisée en 4 Quartes; la Quarte subdivisée en 4 Boisseaux.

La Séterée vaut 17.8354 Ares.
La Quarte   4.4588.
Le Boisseau   1.1147.

L'Hectare vaut 5 Séterées 2 Quartes 1.71 Boisseau.
L'Are   0.90.

N.º 37.

SÉTERÉE de 441 Cannes carrées ou 110 $\frac{1}{4}$ DEXTRES de 16 pans de côté, divisée en 4 Quartes; la Quarte subdivisée en 4 *Pugnères*.

La Séterée vaut 17.4182 Ares.
La Quarte   4.3545.
La *Pugnère*   1.0886.

L'Hectare vaut 5 Séterées 2 Quartes 3.86. *Pugnères*.
L'Are   0.92.

N.º 38.

SÉTERÉE de 425 $\frac{25}{64}$ Cannes carrées ou 100 DEXTRES de 16 $\frac{1}{2}$ Pans de côté, divisée en 4 Quartes; la Quarte subdivisée en 4 Boisseaux.

La Séterée vaut 16.8017 Ares.
La Quarte   4.2004.
Le Boisseau   1.0501.

L'Hectare vaut 5 Séterées 3 Quartes 3.23 Boisseaux.
L'Are   0.95.

N.o 39.

Séterée de 420 Cannes carrées ou 105 Dextres de 16 Pans de côté, divisée en 4 Quartes; la Quarte subdivisée en 4 *Pugnères*.

La Séterée vaut 16.5887 Ares.
La Quarte 4.1472.
La *Pugnère* 1.0368.

L'Hectare vaut 6 Séterées 0 Quarte 0.47 *Pugnère*.
L'Are 0.96.

N.º 40.

Séterée de 405 Cannes carrées ou 80 Dextres de 18 Pans de côté, divisée en 4 Quartes; la Quarte subdivisée en 4 Boisseaux.

La Séterée vaut 15.9963 Ares.
La Quarte 3.9991.
Le Boisseau 0.9998.

L'Hectare vaut 6 Séterées 1 Quarte 0.02 Boisseau.
L'Are 1.00.

N.º 41.

Séterée de 400 Cannes carrées ou 100 Dextres de 16 Pans de côté, divisée en 4 Quartes; la Quarte subdivisée en 4 Boisseaux.

La Séterée vaut 15.7988 Ares.
La Quarte 3.9497.
Le Boisseau 0.9874.

L'Hectare vaut 6 Séterées 1 Quarte 1.27 Boisseau.
L'Are 1.01.

N.º 42.

Séterée de 379 $\frac{44}{64}$ Cannes carrées ou 75 Dextres de 18 Pans de côté, divisée en 4 Quartes; la Quarte subdivisée en 4 Boisseaux.

La Séterée vaut 14.9965 Ares.
La Quarte 3.7491.
Le Boisseau 0.9373.

L'Hectare vaut 6 Séterées 2 Quartes 2.67 Boisseaux.
L'Are 1.07.

N.º 43.

Séterée de 358 Cannes 56 $\frac{3}{4}$ Pans carrés ou 75 Dextres de 17 $\frac{1}{2}$ Pans de côté, divisée en 4 Quartes; la Quarte subdivisée en 4 Boisseaux.

La Séterée vaut 14.1749 Ares.
La Quarte 3.5437.
Le Boisseau 0.8859.

L'Hectare vaut 7 Séterées o Quarte 0.87 Boisseau.
L'Are 1.13.

N.º 44.

Réduction des différens Dextres en Ares.

Le Dextre de 20 Pans de côté vaut 0.2469 Ares.
  idem de 18   *idem*   0.2000.
  idem de 17 1/2 *idem*   0.1890.
  idem de 17   *idem*   0.1784.
  idem de 16 1/2 *idem*   0.1680.
  idem de 16   *idem*   0.1580.

L'Are vaut en $\begin{cases}\end{cases}$
Dextres de 20 Pans de côté 4.052.
  idem de 18   *idem* 5.001.
  idem de 17 1/2 *idem* 5.291.
  idem de 17   *idem* 5.607.
  idem de 16 1/2 *idem* 5.952.
  idem de 16   *idem* 6.330.

2

II. MESURES DE CAPACITÉ POUR LES GRAINS.

N.º 45.

Setier, Mesure d'Olargues, divisé en 4 Quartes ; la Quarte subdivisée en 12 Coups.

> Le Setier vaut 88,71 Litres.
> La Quarte   22,18.
> Le Coup   1,85.

L'Hectolitre (Setier nouveau) vaut 1 Setier 6,11 Coups.
Le Décalitre (Boisseau nouveau)   5,41.

N. B. Nous donnons ici les noms de la nomenclature vulgaire que nous avons cru inutile de répéter aux numeros suivans.

N.º 46.

Setier, Mesure de St-Pons, divisé en 4 Quartes ; la Quarte subdivisée en 8 Pugnères.

> Le Setier vaut 86,90 Litres.
> La Quarte   21,73.
> La Pugnère   2,72.

L'Hectolitre vaut 1 Setier 0 Quarte 4,82 Pugnères.
Le Décalitre   3,68.

N.º 47.

SETIER, Mesure de MONTPAU (Aveyron), divisé en 4 Quartes; la Quarte subdivisée en 8 Boisseaux.

Le Setier vaut 78.20 Litres.
La Quarte   19.55.
Le Boisseau   2.44.

L'Hectolitre vaut 1 Setier 1 Quarte 0.92 Boisseau.
Le Décalitre   4.09.

N.º 48.

SETIER, Mesure de GIGNAC, divisé en 4 Quartes; la Quarte subdivisée en 3 *Pugnères*.

Le Setier vaut 73.33 Litres.
La Quarte   18.33.
La *Pugnère*   6.11.

L'Hectolitre vaut 1 Setier 1 Quarte 1.36 *Pugnère*.
Le Décalitre   1.64.

N.º 49.

SETIER, Mesure de NARBONNE (Aude), divisé en 4 Quartes; la Quarte subdivisée en 4 *Pugnères*.

Le Setier vaut 70.62 Litres.
La Quarte   17.65.
La *Pugnère*   4.41.

L'Hectolitre vaut 1 Setier 1 Quarte 2.69 *Pugnères*.
Le Décalitre   2.27.

N.º 50.

SETIER, Mesure D'AVÈNE, divisé en 4 Quartes ;
la Quarte subdivisée en 7 *Pugnères*.

Le Setier vaut 69.69 Litres.
La Quarte 17.42.
La *Pugnère* 2.49.

L'Hectolitre vaut 1 Setier 1 Quarte 5.17 *Pugnères*.
Le Décalitre 4.02.

N.º 51.

SETIER, Mesure de CLERMONT, divisé en 4
Quartes ; la Quarte subdivisée en 4
Boisseaux.

Le Setier vaut 65.70 Litres.
La Quarte 16.42.
Le Boisseau 4.11.

L'Hectolitre vaut 1 Setier 2 Quartes 0.35 Boisseau.
Le Décalitre 2.44.

N.º 52.

SETIER, Mesure de BEZIERS, divisé en 4
Quartes ; la Quarte subdivisée en 4
Pugnères ou Boisseaux.

Le Setier vaut 65.59 Litres.
La Quarte 16.40.
La *Pugnère* 4.10.

L'Hectolitre vaut 1 Setier 2 Quartes 0.39 *Pugnère*.
Le Décalitre 2.44.

N.º 53.

SETIER, Mesure de BÉZIERS, divisé en 4 Quartes ; la Quarte subdivisée en 3 $\frac{1}{2}$ *Pugnères* ou Boisseaux.

> Le Setier vaut 65,59 Litres.
> La Quarte   16.40.
> La *Pugnère*   4.69.

L'Hectolitre vaut 1 Setier 2 Quartes 0.34 *Pugnère.*
Le Décalitre   2.13.

N.º 54.

SETIER, Mesure de BÉZIERS, divisé en 4 Quartes ; la Quarte subdivisée en 3 *Pugnères* ou Boisseaux.

> Le Setier vaut 65.59 Litres.
> La Quarte   16.40.
> La *Pugnère*   5.47.

L'Hectolitre vaut 1 Setier 2 Quartes 0.30 *Pugnère.*
Le Décalitre   1.83.

N.º 55.

SETIER, Mesure de PÉZENAS, divisé en 4 Quartes ; la Quarte subdivisée en 4 *Pugnères* ou Boisseaux.

> Le Setier vaut 63.03 Litres.
> La Quarte   15.76.
> La *Pugnère*   3.94.

L'Hectolitre vaut 1 Setier 2 Quartes 1.38 *Pugnère.*
Le Décalitre   2.54.

N.º 56.

SETIER, Mesure de PÉZÉNAS, divisé en 4 Quartes; la Quarte subdivisée en 3 $\frac{1}{2}$ *Pugnères* ou Boisseaux.

> Le Setier vaut 63.o3 Litres.
> La Quarte   15.76.
> La *Pugnère*   4.5o.

L'Hectolitre vaut 1 Setier 2 Quartes 1.21 *Pugnère.*
Le Décalitre   2.22.

N.º 57.

SETIER, Mesure de PÉZENAS, divisé en 4 Quartes; la Quarte subdivisée en 3 *Pugnères* ou Boisseaux.

> Le Setier vaut 63.o3 Litres.
> La Quarte   15.76.
> La *Pugnère*   5.25.

L'Hectolitre vaut 1 Setier 2 Quartes 1.04 *Pugnère.*
Le Décalitre   1.90.

N.º 58.

SETIER, Mesure de BÉDARIEUX, divisé en 4 Quartes; la Quarte subdivisée en 4 *Pugnères* ou Boisseaux.

> Le Setier vaut 61.68 Litres.
> La Quarte   15.42.
> La *Pugnère*   3.86.

L'Hectolitre vaut 1 Setier 2 Quartes 1.92 *Pugnère.*
Le Décalitre   2.59.

N.º 59.

SETIER, Mesure de LODÈVE, divisé en 4 Quartes ; la Quarte subdivisée en 4 Boisseaux.

Le Setier vaut 60,98 Litres.
La Quarte   15,24.
Le Boisseau   3.81.

L'Hectolitre vaut 1 Setier 2 Quartes 2.24 Boisseaux.
Le Décalitre   2.62.

N.º 60.

SETIER, Mesure de GANGES, divisé en 4 Quartes ; la Quarte subdivisée en 4 Boisseaux.

Le Setier vaut 55.86 Litres.
La Quarte   13,96.
Le Boisseau   3.49.

L'Hectolitre vaut 1 Setier 3 Quartes 0.64 Boisseau.
Le Décalitre   2.86.

N.º 61.

SETIER, Mesure de SAUVE (Gard), divisé en 4 Quartes ; la Quarte subdivisée en 4 Boisseaux.

Le Setier vaut 55.62 Litres.
La Quarte   13.90.
Le Boisseau   3.48.

L'Hectolitre vaut 1 Setier 3 Quartes 0.77 Boisseau.
Le Décalitre   2.88.

N.º 62.

SETIER , Mesure de SOMMIÈRES (Gard) divisé en 4 Quartes ; la Quarte subdivisée en 3 *Douzaines* ou Boisseaux.

Le Setier vaut 52.42 Litres.
La Quarte   13.11.
La *Douzaine*   4.37.

L'Hectolitre vaut 1 Setier 3 Quartes 2.08 *Douzaines.*
Le Décalitre   2.31.

N.º 63.

SETIER , Mesure de MONTPELLIER , divisé en 4 Quartes ; la Quarte subdivisée en 3 *Pugnères.*

Le Setier vaut 48.92 Litres.
La Quarte   12.23.
La *Pugnère*   4.08.

L'Hectolitre vaut 2 Setiers o Quarte 0.53 *Pugnère.*
Le Décalitre   2.45.

N.º 64.

SETIER , Mesure de LUNEL , divisé en 4 Quartes ; la Quarte subdivisée en 3 *Douzaines* ou Boisseaux.

Le Setier vaut 48.52 Litres
La Quarte   12.13.
La *Douzaine*   4.04.

L'Hectolitre vaut 2 Setiers o Quarte 0.73 *Douzaine.*
Le Décalitre   2.47.

III. MESURES DE CAPACITÉ POUR LE VIN (Voy. note C).

N.º 65.

MUID , dit de CAZOULS , divisé en 8 Pagelles ; la Pagelle subdivisée en 3o Quartons de 4 Feuillettes chacun (Voy. note D).

Le Muid vaut 7 Hectolitres 88,8o Litres.
La Pagelle   98,6o.
Le Quarton   3,29.
La Feuillette   o,82.

L'Hectolitre vaut   1 Pagelle o Quarton 1.74 Feuillette.
Le Décalitre (Velte nouvelle) 3   o,17.
Le Litre (Pinte nouvelle)   1.22.

N. B. Nous donnons ici les noms de la nomenclature vulgaire que nous avons cru inutile de répéter aux numéros suivans.

N.º 66.

MUID de CESSENON , divisé en 12 Pagelles ; la Pagelle subdivisée en 24 Quartons.

Le Muid vaut 7 Hectolitres 88,8o Litres.
La Pagelle   65,73.
Le Quarton   2,74.
La Feuillette   o,68.

L'Hectolitre vaut   1 Pagelle 12 Quartons 2.o5 Feuillettes.
Le Décalitre   3   2,6o.
Le Litre   1.46.

N.º 67.

MUID de ST-NAZAIRE, divisé en 16 Setiers; le
Setier subdivisé en 16 Quartons.

Le Muid vaut 7 Hectolitres 88.80 Litres	
Le Setier	49.30.
Le Quarton	3.08.
La Feuillette	0.77.

L'Hectolitre vaut	2 Setiers 0 Quarton 1.82 Feuillette.		
Le Décalitre	3	0.98.	
Le Litre		1.30.	

N.º 68.

MUID de SAUVE (Gard), divisé en 18 Setiers; le
Setier subdivisé en 4 Quartals ou en 32 Pots.

Le Muid vaut 7 Hectolitres 78.95 Litres.	
Le Setier	43.27.
Le Pot ou *Piché*	1.35.
La Feuillette	0.68.

L'Hectolitre vaut	2 Setiers 9 Pots 1.88 Feuillette.	
Le Décalitre	7	0.79.
Le Litre		1.48.

N.º 69.

MUID de CEILHES, divisé en 16 Setiers; le
Setier subdivisé en 52 Feuillettes.

Le Muid vaut 7 Hectolitres 70.38 Litres.	
Le Setier	48.15.
La Feuillette	0.93.

L'Hectolitre vaut	2 Setiers 4.00 Feuillettes.
Le Décalitre	10.80.
Le Litre	1.08.

N.º 70.

MUID de VILLEMAGNE, divisé en 16 Setiers ; le Setier subdivisé en 16 Quartons.

Le Muid vaut 7 Hectolitres 62.24 Litres.
Le Setier   47.64.
Le Quarton   2.98.
La Feuillette   0.74.

L'Hectolitre vaut, 2 Setiers 1 Quarton 2.34 Feuillettes.
Le Décalitre   3   1.43.
Le Litre   1.34.

N.º 71.

MUID D'HÉRÉPIAN, divisé en 16 Setiers; le Setier subdivisé en 23 Quartons.

Le Muid vaut 7 Hectolitres 62.24 Litres.
Le Setier   47.64.
Le Quarton   2.07.
La Feuillette   0.52.

L'Hectolitre vaut 2 Setiers 2 Quartons 1.15 Feuillette.
Le Décalitre   4   3.32.
Le Litre   1.93.

N.º 72.

MUID D'OCTON, divisé en 12 Pagelles ; la Pagelle subdivisée en 25 Quartons.

Le Muid vaut 7 Hectolitres 40.52 Litres.
La Pagelle   61.71.
Le Quarton   2.47.
La Feuillette   0.62.

L'Hectolitre vaut 1 Pagelle 15 Quartons 2.05 Feuillettes.
Le Décalitre   4   0.20.
Le Litre   1.62.

N.º 73.

MUID de MURVIEL , divisé en 12 Pagelles ; la
Pagelle subdivisée en 24 Quartons.

Le Muid vaut 7 Hectolitres 40.52 Litres.
La Pagelle   61.71.
Le Quarton   2.57.
La Feuillette   0.64.

L'Hectolitre vaut 1 Pagelle 14 Quartons 3.57 Feuillettes.
Le Décalitre   3   3.56.
Le Litre   1.56.

N.º 74.

MUID de LODÈVE, divisé en 12 Pagelles ; la
Pagelle subdivisée en 31 Quartons.

Le Muid vaut 7 Hectolitres 40.52 Litres.
La Pagelle   61.71.
Le Quarton   1.99.
La Feuillette   0.50.

L'Hectolitre vaut 1 Pagelle 19 Quartons 0.94 Feuillette.
Le Décalitre   5   0.09.
Le Litre   2.01.

N.º 75.

MUID de ST-JEAN-DE-FOS, divisé en 12 Pagelles;
la Pagelle subdivisée en 51 $\frac{1}{3}$ Pots.

Le Muid vaut 7 Hectolitres 40.52 Litres.
La Pagelle   61.71.
Le Pot   1.202.
La Feuillette   0.601.

L'Hectolitre vaut 1 Pagelle 31 Pots 1.70 Feuillette.
Le Décalitre   8   0.64.
Le Litre   1.66.

N.º 76.

MUID de SALASC, divisé en 16 Setiers; le Setier subdivisé en 5o Feuillettes.

Le Muid vaut 7 Hectolitres 40.52 Litres.
Le Setier   46.28.
La Feuillette   0.93.

L'Hectolitre vaut 2 Setiers 8.03 Feuillettes.
Le Décalitre   10.80.
Le Litre   1.08.

N.º 77.

MUID de BÉDARIEUX, divisé en 16 Setiers; le Setier subdivisé en 16 Quartons.

Le Muid vaut 7 Hectolitres 40.52 Litres.
Le Setier   46.28.
Le Quarton   2.89.
La Feuillette   0.72.

L'Hectolitre vaut 2 Setiers 2 Quartons 2.28 Feuillettes.
Le Décalitre   3   1.83.
Le Litre   1.38.

N.º 78.

MUID D'OLARGUES, divisé en 16 Setiers; le Setier subdivisé en 18 Quartons.

Le Muid vaut 7 Hectolitres 11.17 Litres.
Le Setier   44.45.
Le Quarton   2.47.
La Feuillette   0.62.

L'Hectolitre vaut 2 Setiers 4 Quartons 1.99 Feuillette.
Le Décalitre   4   0.20.
Le Litre   1.62.

N.º 79.

MUID de **LAUROUX**, divisé en 12 Pagelles ; la Pagelle subdivisée en 16 Quartons.

Le Muid vaut 7 Hectolitres 11.17 Litres.
La Pagelle   59.26.
Le Quarton   3.70.
La Feuillette   0.93.

L'Hectolitre vaut 1 Pagelle 11 Quartons 0.00 Feuillette.
Le Décalitre   2   2.80.
Le Litre   1.08.

N.º 80.

MUID D'**ANIANE**, divisé en 10 Pagelles ; la Pagelle subdivisée en 54 Pots.

Le Muid vaut 7 Hectolitres 10.70 Litres.
La Pagelle   71.07.
Le Pot   1.32.
La Feuillette   0.66.

L'Hectolitre vaut 1 Pagelle 21 Pots 1.96 Feuillette.
Le Décalitre   7   1.20.
Le Litre   1.52.

N.º 81.

MUID de **MONTPELLIER**, divisé en 18 Setiers ou Barrals ; le Setier ou Barral subdivisé en 32 Pots.

Le Muid vaut 6 Hectolitres 92.41 Litres.
Le Setier ou Barral   38.47.
Le Pot   1.202.
La Feuillette   0.601.

L'Hectolitre vaut 2 Setiers 19 Pots 0.38 Feuillette.
Le Décalitre   8   0.64.
Le Litre   1.66.

N.º 82.

MUID de GIGNAC, divisé en 12 Pagelles; la
Pagelle subdivisée en 48 Pots ou *Pichés*.

Le Muid vaut 6 Hectolitres 92.41 Litres.
La Pagelle   57.70.
Le Pot ou *Piché*   1.202.

L'Hectolitre vaut 1 Pagelle 35.19 Pots ou *Pichés*.
Le Décalitre   8.32.
Le Litre   0.83.

N.º 83.

MUID de PÉZENAS, divisé en 12 Pagelles ou
Lairans; la Pagelle subdivisée en 24 Quartons.

Le Muid vaut 6 Hectolitres 92.41 Litres.
La Pagelle ou *Lairan*   57.70.
Le Quarton   2.404.
La Feuillette   0.601.

L'Hectolitre vaut 1 Pagelle 17 Quartons 2.40 Feuillettes.
Le Décalitre   4   0.64.
Le Litre   1.66.

N.º 84.

MUID de MAGALAS, divisé en 16 Setiers; le
Setier subdivisé en $13\frac{1}{8}$ Quartons.

Le Muid vaut 6 Hectolitres 92.41 Litres.
Le Setier   43.28.
Le Quarton   3.29.
La Feuillette   0.82.

L'Hectolitre vaut 2 Setiers 4 Quartons 0.30 Feuillette.
Le Décalitre   3   0.13.
Le Litre   1.21.

N.º 85.

Muid de Joncels, divisé en 16 Setiers; le Setier subdivisé en 15 Quartons.

Le Muid vaut 6 Hectolitres 92.41 Litres.
Le Setier　　　　　　　43.28.
Le Quarton　　　　　　2.89.
La Feuillette　　　　　0.72.

L'Hectolitre vaut 2 Setiers 4 Quartons 2.66 Feuillettes.
Le Décalitre　　　　　3　　　1.87.
Le Litre　　　　　　　　　1.39.

N.º 86.

Muid de Carleneas, divisé en 16 Setiers; le Setier subdivisé en 46 $\frac{2}{3}$ Feuillettes.

Le Muid vaut 6 Hectolitres 92.41 Litres.
Le Setier　　　　　　　43.28.
La Feuillette　　　　　0.93.

L'Hectolitre vaut 2 Setiers 14.50 Feuillettes.
Le Décalitre　　　　　10.78.
Le Litre　　　　　　　1.08.

N.º 87.

Muid de Mons, divisé en 16 Setiers; le Setier subdivisé en 17 $\frac{1}{2}$ Quartons.

Le Muid vaut 6 Hectolitres 92.41 Litres.
Le Setier　　　　　　　43.28.
Le Quarton　　　　　　2.47.
La Feuillette　　　　　0.62.

L'Hectolitre vaut 2 Setiers 5 Quartons 1.77 Feuillette.
Le Décalitre　　　　　4　　　0.18.
Le Litre　　　　　　　　　1.62.

N.º 88.

MUID D'AUTIGNAC, divisé en 16 Setiers ; le Setier subdivisé en 21 Quartons.

Le Muid vaut 6 Hectolitres 92.41 Litres.
Le Setier   ~   43.28.
Le Quarton   2.06.
La Feuillette   0.52.

L'Hectolitre vaut   2 Setiers 6 Quartons 2.13 Feuillettes.
Le Décalitre   4   3.41.
Le Litre   1.94.

N.º 89.

MUID D'ADISSAN, divisé en 16 Setiers ; le Setier subdivisé en 18 Quartons.

Le Muid vaut 6 Hectolitres 92.41 Litres.
Le Setier   43.28.
Le Quarton   2.464.
La Feuillette   0.601.

L'Hectolitre vaut 2 Setiers 5 Quartons 2.40 Feuillettes.
Le Décalitre   4   0.64.
Le Litre   1.664.

N.º 90.

MUID D'AGDE, divisé en 12 Lairans ; le Lairan subdivisé en 25 Quartons.

Le Muid vaut 6 Hectolitres 92.41 Litres.
Le Lairan   57.70.
Le Quarton   2.31.
La Feuillette   0.58.

L'Hectolitre vaut 1 Pagelle 18 Quartons 1.33 Feuillette.
Le Décalitre   4   1.33.
Le Litre   1.73.

N.º 91.

MUID de CLERMONT, divisé en 12 Pagelles; la Pagelle subdivisée en 38 Quartons.

Le Muid vaut 6 Hectolitres 92.41 Litres
La Pagelle 57.70.
Le Quarton 1.52.
La Feuillette 0.38.

L'Hectolitre vaut 1 Pagelle 27 Quartons 3.44 Feuillettes.
Le Décalitre 6 2.36.
Le Litre 2.64.

N.º 92.

MUID de BEZIERS, divisé en 10 Pagelles ou Barrals; le Barral subdivisé en 30 Quartons.

Le Muid vaut 6 Hectolitres 59.86 Litres.
La Pagelle ou *Barral* 65.99.
Le Quarton 2.20.
La Feuillette 0.55.

L'Hectolitre vaut 1 Pagelle 15 Quartons 2.04 Feuillettes.
Le Décalitre 4 2.20.
Le Litre 1.82.

N.º 93.

MUID de VIAS, divisé en 12 Pagelles; la Pagelle subdivisée en 25 Quartons.

Le Muid vaut 6 Hectolitres 59.86 Litres.
La Pagelle 54.99.
Le Quarton 2.20.
La Feuillette 0.55.

L'Hectolitre vaut 2 Pagelles 20 Quartons 1.82 Feuillettes.
Le Décalitre 4 2.20.
Le Litre 1.82.

N.º 94.

MUID de ROUJAN, divisé en 16 Setiers; le Setier subdivisé en 20 Quartons.

Le Muid vaut 6 Hectolitres 59.86 Litres.
Le Setier 41.24.
Le Quarton 2.06.
La Feuillette 0.52.

L'Hectolitre vaut 2 Setiers 8 Quartons 1.98 Feuillette.
Le Décalitre 3 3.40.
Le Litre 1.94.

N.º 95.

MUID de CAUX, divisé en 16 Setiers; le Setier subdivisé en 17 $\frac{1}{7}$ Quartons.

Le Muid vaut 6 Hectolitres 59.86 Litres.
Le Setier 41.24.
Le Quarton 2.404.
La Feuillette 0.601.

L'Hectolitre vaut 2 Setiers 7 Quartons 1.30 Feuillette.
Le Décalitre 4 0.64.
Le Litre 1.664.

N.º 96.

MUID de VALROS, divisé en 12 Pagelles; la Pagelle subdivisée en 22 $\frac{1}{2}$ Quartons, mesure de Pézenas.

Le Muid vaut 6 Hectolitres 49.13 Litres.
La Pagelle 54.10.
Le Quarton 2.404.
La Feuillette 0.601.

L'Hectolitre vaut 1 Pagelle 19 Quartons 0.40 Feuillette.
Le Décalitre 4 0.64.
Le Litre 1.664.]

N.º 97.

MUID de SERVIAN, divisé en 16 Setiers; le Setier subdivisé en 18 Quartons.

Le Muid vaut 6 Hectolitres 33.46 Litres.
Le Setier   39.59.
Le Quarton   2.20.
La Feuillette   0.55.

L'Hectolitre vaut 2 Setiers 9 Quartons 2.04 Feuillettes.
Le Décalitre   2.20.
Le Litre   1.82.

N.º 98.

MUID de CAUSSIGNOJOULS, divisé en 12 Setiers; le Setier subdivisé en 16 Quartons.

Le Muid vaut 6 Hectolitres 31.15 Litres.
Le Setier   52.60.
Le Quarton   3.29.
La Feuillette   0.82.

L'Hectolitre vaut 1 Setier 14 Quartons 1.68 Feuillette
Le Décalitre   0.17.
Le Litre   1.22.

N.º 99.

MUID de POUJOLS, divisé en 12 Pagelles; la Pagelle subdivisée en 26 Quartons.

Le Muid vaut 6 Hectolitres 21.19 Litres.
La Pagelle   51.77.
Le Quarton   1.99.
La Feuillette   0.50.

L'Hectolitre vaut 1 Pagelle 24 Quartons 0.94 Feuillette.
Le Décalitre   5   0.09.
Le Litre   2.01.

N.º 100.

MUID D'OLONZAC, divisé en 8 Pagelles; la Pagelle subdivisée en 36 Quartons.

Le Muid vaut 5 Hectolitres 91.63 Litres.
La Pagelle 73.95.
Le Quarton 2.06.
La Feuillette 0.51.

L'Hectolitre vaut 1 Pagelle 12 Quartons 2.75 Feuillettes.
Le Décalitre 3.47.
Le Litre 1.95.

N.º 101.

MUID de CRUZY, divisé en 12 Pagelles; la Pagelle subdivisée en 24 Quartons.

Le Muid vaut 5 Hectolitres 91.63 Litres.
La Pagelle 49.30.
Le Quarton 2.06.
La Feuillette 0.51.

L'Hectolitre vaut 2 Pagelles 0 Quarton 2.75 Feuillettes.
Le Décalitre 4 3.47.
Le Litre 1.95.

N.º 102.

MUID de ST-CHINIAN, divisé en 12 Pagelles; la Pagelle subdivisée en 20 Quartons.

Le Muid vaut 5 Hectolitres 91.63 Litres.
La Pagelle 49.30.
Le Quarton 2.46.
La Feuillette 0.62.

L'Hectolitre vaut 2 Pagelles 0 Quarton 2.26 Feuillettes.
Le Décalitre 4 0.23.
Le Litre 1.62.

N.º 103.

MUID de MONTELS, divisé en 8 Pagelles ; la Pagelle subdivisée en 35 Quartons.

Le Muid vaut 5 Hectolitres 75.44 Litres.
La Pagelle 71.93.
Le Quarton 2.06.
La Feuillette 0.51.
L'Hectolitre vaut 1 Pagelle 13 Quartons 2.69 Feuillettes.
Le Décalitre 4 3.47.
Le Litre 1.95.

N.º 104.

SETIER ou Barral de ST-MAURICE, composé de 32 Pots ou *Pichés*, mesure de Montpellier.

Le Setier vaut 38.47 Litres.
Le Pot ou *Piché* 1.202.
Le Décalitre vaut 8.32 Pots.
Le Litre 0.83.

N.º 105.

QUARTON en usage à ST-PONS, RIOLS, etc.

Ce Quarton vaut 3.70 Litres.
La Feuillette 0.925.
Le Décalitre vaut 2 Quartons 2.80 Feuillettes.
Le Litre 1.08.

N.º 106.

QUARTON en usage à RIEUSSEC et autres Communes

Ce Quarton vaut 2.47 Litres.
La Feuillette 0.62.
Le Décalitre vaut 4 Quartons 0.23 Feuillette.
Le Litre 1.62.

IV. MESURES DE CAPACITÉ POUR L'HUILE (G).

N.º 107.

CHARGE de MAGALAS, divisée en 12 *Mesures* ; la *Mesure* subdivisée en 28 Fioles.

La Charge vaut 1 Hectolitre 88.533 Litres.
La *Mesure*   15.711.
La Fiole   0.561.

L'Hectolitre vaut   6 *Mesures* 10.22 Fioles.
Le Décalitre (Velte nouvelle)   17.82.
Le Litre (Pinte nouvelle)   1.78.

N. B. Nous donnons ici les noms de la nomenclature vulgaire que nous avons cru inutile de répéter aux numéros suivans.

N.º 108.

CHARGE de CAUX, divisée en 9 *Mesures* ; la *Mesure* subdivisée en 32 Fioles.

La Charge vaut 1 Hectolitre 86.738 Litres.
La *Mesure*   20.749.
La Fiole   0.648.

L'Hectolitre vaut   4 *Mesures* 26.23 Fioles.
Le Décalitre   15.42.
Le Litre   1.54.

N.º 109.

CHARGE D'AIGUES-VIVES, divisée en 12 *Mesures*;
la *Mesure* subdivisée en 34 $\frac{2}{3}$ Fioles (pesant
1 liv. poids de table).

La Charge vaut 1 Hectolitre 80.638. Litres.
La *Mesure*   15.561.
La Fiole   0.449.
L'Hectolitre vaut   6 *Mesures* 14.77 Fioles·
Le Décalitre   22.28.
Le Litre   2.23.

N.º 110.

CHARGE de CESSENON, divisée en 12 *Mesures*;
la *Mesure* subdivisée en 34 Fioles (pesant 1
liv. poids de table).

La Charge vaut 1 Hectolitre 83.147 Litres.
La *Mesure*   15.262.
La Fiole   0.449.
L'Hectolitre vaut   6·*Mesures* 18.77 Fioles.
Le Décalitre   22.28.
Le Litre   2.23.

N.º 111.

CHARGE D'AGDE, divisée en 7 *Mesures*; la
Mesure subdivisée en 3 Quartals de 21
Fioles.

La Charge vaut 1 Hectolitre 32.249 Litres.
La *Mesure*   26.036.
Le Quartal   8.678.
La Fiole   0.413.
L'Hectolitre vaut 3 *Mesures* 2 Quartals 10.98 Fioles.
Le Décalitre   1   3.20.
Le Litre   2.42.

N.º 112.

CHARGE de Beziers, divisée en 9 *Mesures*; la *Mesure* subdivisée en 36 Fioles.

La Charge vaut 1 Hectolitre 81.804 Litres.
La *Mesure*   20.200.
La Fiole   0.561.

L'Hectolitre vaut   4 *Mesures* 34.22 Fioles.
Le Décalitre   17.82.
Le Litre   1.78.

N.º 113.

CHARGE de St-THYBERY, divisée en 9 *Mesures*; la *Mesure* subdivisée en 32 Fioles.

La Charge vaut un Hectolitre 81.804 Litres.
La *Mesure*   20.200.
La Fiole   0.673.

L'Hectolitre vaut   4 *Mesures* 30.42 Fioles.
Le Décalitre   15.84.
Le Litre   1.584.

N.º 114.

CHARGE de VILLENEUVE-LÈS-BEZIERS, divisée en 12 *Mesures*; la *Mesure* subdivisée en 27 Fioles.

La Charge vaut 1 Hectolitre 81.804 Litres.
La *Mesure*   15.150.
La Fiole   0.561.

L'Hectolitre vaut   6 *Mesures* 16.22 Fioles.
Le Décalitre   17.82.
Le Litre   1.78.

N.º 115.

CHARGE de FLORENSAC, divisée en 9 *Mesures*; la *Mesure* subdivisée en 40 Fioles.

La Charge vaut 1 Hectolitre 81.804 Litres.
La *Mesure*   20.200.
La Fiole   0.051.

L'Hectolitre vaut   4 *Mesures* 38.03 Fioles.
Le Décalitre   19.80.
Le Litre   1.98.

N.º 116.

CHARGE de QUARANTE, divisée en 12 *Mesures;* la mesure subdivisée en 26 Fioles.

La Charge vaut 1 Hectolitre 75.091 Litres.
La *Mesure*   14.591.
La Fiole   0.561

L'Hectolitre vaut   6 *Mesures* 22.22 Fioles.
Le Décalitre   17.82.
Le Litre   1.78.

N.º 117.

CHARGE de CRUZY, divisée en 12 *Mesures* ; la *Mesure* subdivisée en 32 Fioles (pesant 1 liv. poids de table).

La Charge vaut 1 Hectolitre 72.373 Litres.
La *Mesure*   14.364.
La Fiole   0.449.

L'Hectolitre vaut   6 *Mesures* 30.77 Fioles.
Le Décalitre   22.28.
Le Litre   2.23.

N.º 118.

CHARGE de MINERVE, divisée en 21 *Mesures*; la *Mesure* se subdivise en Fioles (pesant 1 liv. poids de table).

La Charge vaut 1 Hectolitre 72.373 Litres.
La *Mesure* 8.208.
La Fiole 0.449.

L'Hectolitre vaut 12 *Mesures* 3.35 Fioles.
Le Décalitre 1 4.00.
Le Litre 2.23.

N.º 119.

CHARGE de CESSÈRAS, divisée en 21 *Mesures*; la mesure subdivisée en 18 Fioles (pesant 1 liv. poids de table).

La Charge vaut 1 Hectolitre 69.683 Litres.
La *Mesure* 8.080.
La Fiole 0.449.

L'Hectolitre vaut 12 *Mesures* 6.78 Fioles.
Le Décalitre 1 4.28.
Le Litre 2.23.

N.º 121.

CHARGE de VAILHAN, divisée en 9 *Mesures*; la *Mesure* subdivisée en 32 Fioles.

La Charge vaut 1 Hectolitre 69.683 Litres.
La *Mesure* 18.854.
La Fiole 0.589.

L'Hectolitre vaut 5 *Mesures* 9.73 Fioles.
Le Décalitre 16.97.
Le Litre 1.70.

N.º 121.

CHARGE de CABRIÈRES , divisée en 9 *Mesures*; la *Mesure* subdivisée en 28 Fioles.

La Charge vaut 1 Hectolitre 69.683 Litres.
La *Mesure*   18.854.
La Fiole   0.673.

L'Hectolitre vaut   5 *Mesures* 8.52 Fioles.
Le Décalitre   14.85.
Le Litre   1.485.

N.º 122.

CHARGE de PÉZENAS, divisée en 6 *Mesures* ; la *Mesure* subdivisée en 45 Feuillettes ou Fioles.

La Charge vaut 1 Hectolitre 69.683 Litres.
La *Mesure*   28.281.
La Fiole ou Feuillette   0.628.

L'Hectolitre vaut   3 *Mesures* 23.59 Fioles.
Le Décalitre   15.86.
Le Litre   1.586.

N.º 123.

CHARGE de NIZAS , divisée en 9 *Mesures* ; la *Mesure* subdivisée en 30 Fioles.

La Charge vaut 1 Hectolitre 69.683 Litres.
La *Mesure*   18.854.
La Fiole   0.628.

L'Hectolitre vaut   5 *Mesures* 9.12 Fioles.
Le Décalitre   15.91.
Le Litre   1.59.

N.º 124.

CHARGE de LODÈVE, divisée en 9 *Mesures*; la *Mesure* subdivisée en 42 Fioles (pesa˙ ˌ liv. poids de table).

La Charge vaut ɪ Hectolitre 69.683 Litres.	
La *Mesure*	18.854.
La Fiole	0.449.

L'Hectolitre vaut	5 *Mesures* 12.77 Fioles.
Le Décalitre	22.28.
Le Litre	2.23.

N.º 125.

CHARGE de CLERMONT, divisée en 9 *Mesures*; la *Mesure* subdivisée en 14 Quartons, le Quarton en 4 Fioles.

La Charge vaut ɪ Hectolitre 69.683 Litres.	
La *Mesure*	18.854.
Le Quarton	1.347.
La Fiole	0.337.

L'Hectolitre vaut	5 *Mesures* 4 Quartons 1.03 Fiole.		
Le Décalitre	7	1.70.	
Le Litre		2.97.	

N.º 126.

CHARGE D'ANIANE, divisée en 10 *Orgeols*; *l'Orgeol* subdivisé en 12 Pots; le Pot en 2 Feuillett.

La Charge vaut	165.42 Litres.
L'*Orgeol*	16.54.
Le Pot	1.38.
La Feuillette	0.69.

L'Hectolitre vaut	6 *Orgeols* 5 Pots 0.85 Feuillette.		
Le Décalitre	7	1.49.	
Le Litre		1.55.	

N.º 127.

CHARGE D'ADISSAN , divisée en 8 *Mesures*; la
Mesure subdivisée en 32 Fioles.

La Charge vaut 1 Hectolitre 61.603 Litres.
La *Mesure*   20.200.
La Fiole   0.631.

L'Hectolitre vaut   4 *Mesures* 30.42 Fioles.
Le Décalitre   15.84.
Le Litre   1.584.

N.º 128.

CHARGE de GIGNAC, divisée en 8 *Mesures*; la
Mesure subdivisée en 36 Fioles.

La Charge vaut 1 Hectolitre 61.603 Litres.
La *Mesure*   20.200.
La Fiole   0.561.

L'Hectolitre vaut   4 *Mesures* 34.22 Fioles.
Le Décalitre   17.82.
Le Litre   1.782.

N.º 129.

CHARGE de MARSEILHAN, divisée en 9 *Mesures*;
la *Mesure* subdivisée en 40 Fioles (pesant
1 liv. poids de table).

La Charge vaut 1 Hectolitre 61.603 Litres.
La *Mesure*   17.956.
La Fiole   0.449.

L'Hectolitre vaut   5 *Mesures* 22.77 Fioles.
Le Décalitre   22.28.
Le Litre   2.23.

N.º 130.

CHARGE de PERET, divisée en 9 *Mesures* ;
la *Mesure* subdivisée en 25 Fioles.

La Charge vaut 1 Hectolitre 61.603 Litres.
La *Mesure*   17.956.
La Fiole   0.691.

L'Hectolitre vaut   5 *Mesures* 14.25 Fioles.
Le Décalitre   14.425.
Le Litre   1.442.

N.º 131.

CHARGE de NÉSIGNAN-L'ÉVÊQUE, divisée en 6
Mesures; la *Mesure* subdivisée en 45 Fioles.

La Charge vaut 1 Hectolitre 61.603 Litres.
La *Mesure*   26.934.
La Fiole   0.599.

L'Hectolitre vaut   3 *Mesures* 32.08 Fioles.
Le Décalitre   16.71.
Le Litre   1.67.

N.º 132.

CHARGE de ST-JEAN-DE-FOS , divisée en 12
Mesures; la *Mesure* subdivisée en 30 Fioles
(pesant 1 liv. poids de table).

La Charge vaut 1 Hectolitre 61.603 Litres.
La *Mesure*   13.467.
La Fiole   0.449.

L'Hectolitre vaut   7 *Mesures* 12.76 Fioles.
Le Décalitre   22.28.
Le Litre   2.23.

N.º 133.

CHARGE D'OLONZAC, divisée en 24 *Mesures*; la
Mesure subdivisée en 15 Fioles (pesant ·
liv. poids de table).

La Charge vaut 1 Hectolitre 61.603 Litres.	
La *Mesure*	6.734.
La Fiole	0.449.

L'Hectolitre vaut	14 *Mesures* 12.76 Fioles
Le Décalitre	1	7.28.
Le Litre		2.23.

N.º 134.

CHARGE de MONTPEYROUX , divisée en 10
Mesures; la *Mesure* subdivisée en 35 Fioles
(pesant 1 liv. poids de table).

La Charge vaut 1 Hectolitre 57.113 Litres.	
La *Mesure*	15.711.
La Fiole	0.449.

L'Hectolitre vaut	6 *mesures* 12.77 Fioles.
Le Décalitre	22.28.
Le Litre	2.23.

N.º 135.

ÉMINE de POUSSAN, divisée en 17 Pots; le
Pot subdivisé en 2 Feuillettes.

L'Émine vaut	20.44 Litres.
Le Pot	1.202.
La Feuillette	0.601.

L'Hectolitre vaut 4 Émines	15 Pots 0.34 Feuillette.
Le Décalitre	8	0.63.
Le Litre		1.66.

N.º 136.

CANNE de LUNEL, divisée en 32 Carteirons ou Fioles.

La Canne vaut	11.36 Litres.
Le Carteiron	0.355.

L'Hectolitre vaut	8 Cannes 25.69 Carteirons.
Le Décalitre	28.17.
Le Litre	2.82.

N.º 137 (Voy. not. H).

QUARTE de SAUVE (Gard), divisée en 8 Pots; le pot subdivisé en 2 Feuillettes.

La Quarte vaut	10.80 Litres.
Le Pot	1.35.
La Feuillette	0.68.

L'Hectolitre vaut	9 Quartes	2 Pots	0.15 Feuillette.
Le Décalitre		7	0.81.
Le Litre			1.48.

N.º 138.

QUARTE de ST-JEAN-DE-BUEGES, divisée en 24 Fioles (pesant 1 liv. poids de table).

La Quarte vaut	10.80 Litres.
La Fiole	0.45

L'Hectolitre vaut	9 Quartes 6.23 Fioles.
Le Décalitre	22.22.
Le Litre	2.22.

N.º 139.

QUARTE de ST-BAUZILE-DE-PUTOIS, divisée en 23 Fioles (pesant 1 liv. poids de table).

La Quarte vaut   10.34 Litres.
La Fiole   0.45.

L'Hectolitre vaut   9 Quartes 15.44 Fioles.
Le Décalitre   22.24.
Le Litre   2.22.

N.º 140.

QUARTE de MONTPELLIER, divisée en 8 Pots ; le Pot subdivisé en 2 Feuillettes.

La Quarte vaut   9.616 Litres.
Le Pot   1.202.
La Feuillette   0.601.

L'Hectolitre vaut   10 Quartes 3 Pots 0.38 Feuillette.
Le Décalitre   1   0   0.64.
Le Litre   1.66.

N.º 141.

QUARTE de SETTE, divisée en 20 Fioles.

La Quarte vaut   9.616 Litres.
La Fiole   0.481.

L'Hectolitre vaut   10 Quartes 7.99 Fioles.
Le Décalitre   1   0.80.
Le Litre   2.08.

N.º 142.

MESURE de ST-MAURICE, divisée en 20 Fioles (pesant 1 liv. poids de table).

La *Mesure* vaut	8,98 Litres.	
La Fiole	0,449.	

L'Hectolitre vaut	11 *Mesures*	2.72 Fioles.
Le Décalitre	1	2.27.
Le Litre		2.23.

N.º 143.

MESURE de ST-PONS, divisée en 16 Fioles (pesant 1 liv. poids de table).

La *Mesure* vaut	7.19 Litres.	
La Fiole	0.449.	

L'Hectolitre vaut	13 *Mesures*	14.77 Fioles.
Le Décalitre	1	6.28.
Le Litre		2.23.

N.º 144. (Voy. not. I).

RÉDUCTION des Livres (poids de table) d'Huile d'Olive en Litres et réciproquement.

Livres.	Litres.	Livres.	Litres.	Liv.	Litres.	Livres.	Litres.
1	0.449	1	2.228	20	8.978	20	44.553
2	0.898	2	4.455	30	13.467	30	66.830
3	1.347	3	6.683	40	16.956	40	89.107
4	1.796	4	8.911	50	22.445	50	111.384
5	2.245	5	11.138	60	26.934	60	133.660
6	2.693	6	13.366	70	31.423	70	155.937
7	3.142	7	15.594	80	35.912	80	178.214
8	3.591	8	17.821	90	40.401	90	200.490
9	4.040	9	20.049	100	44.890	100	222.767
10	4.489	10	22.277				

N. B. Les lettres qu'on trouve entre deux parenthèses, indiquent des notes qu'il est essentiel de lire ; ces notes sont placées immédiatement après le vocabulaire ou liste alphabétique des Communes.

VOCABULAIRE

OU LISTE ALPHABÉTIQUE

DES COMMUNES DU DÉPARTEMENT DE L'HÉRAULT,

Avec l'indication 1.º de l'Arrondissement communal dont elles font partie; 2.º Du rapport de l'unité principale de chacune des anciennes mesures y usitées , avec celles qui les remplacent dans le nouveau système; 3.º Enfin, des numéros des tables où la réduction de chacune de ces mesures est opérée.

ABEILHAN (Arrondissement de Beziers).

La Séterée vaut	24.69 Ares.	(Voyez le n.º 25).
Le Setier	65.59 Litres.	(Voyez le n.º 52).
Le Muid	649.13.	(Voyez le n.º 96).
La Charge d'Huile	181.80.	(Voyez le n.º 112).

ADISSAN (Arrondissement de Beziers).

La Séterée vaut	24.69 Ares.	(Voyez le n.º 25).
Le Setier	63.03 Litres.	(Voyez le n.º 56).
Le Muid	692.41.	(Voyez le n.º 89).
La Charge d'Huile	161.60.	(Voyez le n.º 127).

AGDE (Arrondissement de Beziers).

La Séterée vaut 24.65 Ares. (Voyez le n.º 27).
Le Setier*. 65.59 Litres. (Voyez le n.º 52).
Le Muid 692.41. (Voyez le n.º 90).
La Charge d'huile 182.25. (Voyez le n.º 111).

AGEL (Arrondissement de St-Pons).

La Séterée vaut 19.27 Ares. (Voyez le n.º 34).
Le Setier 70.62 Litres. (Voyez le n.º 49).
Le Muid 591.63. (Voyez le n.º 100).
La Charge d'huile 172.37. (Voyez le n.º 117).

AGONES (Arrond.t de Montpellier).

La Séterée vaut 20.00 Ares. (Voyez le n.º 37).
Le Setier 55.86 Litres. (Voyez le n.º 60).
Le Muid 692.41. (Voyez le n.º 81).
La Quarte d'huile 9.62. (Voyez le n.º 140).

AIGNE (Arrondissement de St-Pons).

La Séterée vaut 24.69 Ares. (Voyez le n.º 25).
Le Setier 70.62 Litres. (Voyez le n.º 49).
Le Muid 591.63. (Voyez le n.º 100).
La Charge d'huile 161.60. (Voyez le n.º 133).

AIGUES-VIVES (Arrond.t de St-Pons).

La Séterée vaut 24.69 Ares. (Voyez le n.º 25).
Le Setier 70.62 Litres. (Voyez le n.º 49).
Le Muid 591.63. (Voyez le n.º 100).
La Charge d'huile 186.74. (Voyez le n.º 109).

ALEYRAC (Arrond.t de Montpellier).

La Séterée vaut 20.00 Ares. (Voyez le n.º 31).
Le Setier 55.62 Litres. (Voyez le n.º 61).
Le Muid 778.95. (Voyez le n.º 68).
La Quarte d'huile 10.80. (Voyez le n.º 137).

ALIGNAN DU VENT (Arr.t de Beziers).

La Séterée vaut   24.69 Ares.   (Voyez le n.º 25).
Le Setier   63.o3 Litres. (Voyez le n.º 56).
Le Muid   649.13.   (Voyez le n.º 96).
La Charge d'huile   181.80.   (Voyez le n.º 112).

ANIANE (Arrond.t de Montpellier).

La Séterée vaut   24.69 Ares. (Voyez le n.º 25).
Le Setier   73.33 Litres. (Voyez le n.º 48).
Le Muid   710.70.   (Voyez le n.º 80).
La Charge d'huile   165.42.   (Voyez le n.º 126).

ARBORAS (Arrondissement de Lodève).

La Séterée vaut   24.69 Ares. (Voyez le n.º 26).
Le Setier   73.33 Litres. (Voyez le n.º 48).
Le Muid   692.41.   (Voyez le n.º 82).
La Charge d'huile   157.11.   (Voyez le n.º 134).

ARGELLIERS (Arrond.t de Montpellier).

La Séterée vaut   24.65 Ares.   (Voyez le n.º 25).
Le Setier   73.33 Litres. (Voyez le n.º 48).
Le Muid   710.70.   (Voyez le n.º 80).
La Charge d'huile   165.42.   (Voyez le n.º 126).

ASPIRAN (Arrondissement de Lodève).

La Séterée vaut   24.65 Ares. (Voyez le n.º 28).
Le Setier   63.o3 Litres. (Voyez le n.º 57).
Le Muid   692.41.   (Voyez le n.º 89).
La Charge d'huile   161.60.   (Voyez le n.º 127).

ASSAS (Arrondissement de Montpellier).

La Séterée vaut   20.00 Ares. (Voyez le n.º 31).
Le Setier   48.92 Litres. (Voyez le n.º 63).
Le Muid   692.41.   (Voyez le n.º 81).
La Quarte d'huile   9.62.   (Voyez le n.º 140).

ASSIGNAN (Arrondissem.t de St-Pons).

La Séterée vaut	31.60 Ares.	(Voyez le n.º 18).
Le Setier	70.62 Litres.	(Voyez le n.º 49).
Le Muid	591.63.	(Voyez le n.º 102).
La Charge d'huile	181.80.	(Voyez le n.º 112).

AUBAIGUES (Arrondissem.t de Lodève).

La Séterée vaut	24.69 Ares.	(Voyez le n.º 25).
Le Setier	60.98 Litres.	(Voyez le n.º 59).
Le Muid	649.13.	(Voyez le n.º 96).
La Charge d'huile	169.68.	(Voyez le n.º 124).

AUMÉLAS (Arrondissem. de Lodève).

La Séterée vaut	25.28 Ares.	(Voyez le n.º 24).
Le Setier (voy. not. K).	73.33 Litres.	(Voyez le n.º 48).
Le Muid	692.41.	(Voyez le n.º 82).
La Charge d'huile	161.60.	(Voyez le n.º 127).

AUMES (Arrond.t de Beziers).

La Séterée vaut	24.69 Ares.	(Voyez le n.º 25).
Le Setier	63.03 Litres.	(Voyez le n.º 56).
Le Muid	692.41.	(Voyez le n.º 83).
La Charge d'huile	181.80.	(Voyez le n.º 113).

AUTIGNAC (Arrond.t de Beziers).

La Séterée vaut	24.69 Ares.	(Voyez le n.º 25).
Le Setier	65.59 Litres.	(Voyez le n.º 52).
Le Muid	692.41.	(Voyez le n.º 88).
La Charge d'huile	181.80.	(Voyez le n.º 114).

AVENE (Arrond.t de Lodève).

La Séterée vaut	35.55 Ares.	(Voyez le n.º 15).
Le Setier	69.69 Litres.	(Voyez le n.º 50).
Le Muid	631.15.	(Voyez le n.º 98).
Le Quintal d'huile	44.89.	(Voyez le n.º 144).

AZILLANET (Arrond.t de St-Pons).

La Séterée vaut	17.42 Ares.	(Voyez le n.º 37).
Le Setier	70.62 Litres.	(Voyez le n.º 49).
Le Muid	591.63.	(Voyez le n.º 100).
La Charge d'huile	169.68.	(Voyez le n.º 119).

BAILLARGUES et COLOMBIES (Montp.r).

La Séterée vaut	20.00 Ares.	(Voyez le n.º 31).
Le Setier	48.92 Litres.	(Voyez le n.º 63).
Le Muid	692.41.	(Voyez le n.º 81).
La Quarte d'huile	9.62.	(Voyez le n.º 140).

BAILLARGUET (Arr. de Montpellier).

La Séterée vaut	16.00 Ares.	(Voyez le n.º 40).
Le Setier	48.92 Litres.	(Voyez le n.º 63).
Le Muid	692.41.	(Voyez le n.º 81).
La Quarte d'huile	9.62.	(Voyez le n.º 140).

BALARUC-LÈS-BAINS (Arr. de Monp.r)

La Séterée vaut	20.00 Ares.	(Voyez le n.º 31).
Le Setier	48.92 Litres.	(Voyez le n.º 63).
Le Muid	692.41.	(Voyez le n.º 81).
La Quarte d'huile	9.62.	(Voyez le n.º 140).

BASSAN (Arrond.t de Beziers).

La Séterée vaut	24.69 Ares.	(Voyez le n.º 25).
Le Setier	65.59 Litres.	(Voyez le n.º 52).
Le Muid	659.86.	(Voyez le n.º 92).
La Charge d'huile	181.80.	(Voyez le n.º 111).

BEAUCELS (Arrond.t de Montp.r).

La Séterée vaut	24.69 Ares.	(Voyez le n.º 25).
Le Setier	55.86 Litres.	(Voyez le n.º 60).
Le Muid	692.41.	(Voyez le n.º 81).
La Quarte d'huile	9.62.	(Voyez le n.º 140)

BEAUFORT (Arrond.t de St-Pons).

La Séterée vaut   24.69 Ares.   (Voyez le n.º 25).
Le Setier   70.62 Litres.   (Voyez le n.º 49).
Le Muid   591.63.   (Voyez le n.º 100).
La Charge d'huile   161.60.   (Voyez le n.º 133).

BEAULIEU (Arrond.t de Montp.r).

La Séterée vaut   20.00 Ares.   (Voyez le n.º 31).
Le Setier   48.92 Litres.   (Voyez le n.º 63).
Le Muid   692.41.   (Voyez le n.º 81).
La Quarte d'huile   9.62.   (Voyez le n.º 140).

BÉDARIEUX (Arrond.t de Beziers).

La Séterée vaut   24.69 Ares.   (Voyez le n.º 25).
Le Setier   61.68 Litres.   (Voyez le n.º 58).
Le Muid   740.52.   (Voyez le n.º 77).
La Charge d'huile   181.80.   (Voyez le n.º 112).

BELARGA (Arrond.t de Lodève).

La Séterée vaut   24.69 Ares.   (Voyez le n.º 25).
Le Setier   63.03 Litres.   (Voyez le n.º 56).
Le Muid   692.41.   (Voyez le n.º 83).
La Charge d'huile   161.60.   (Voyez le n.º 128).

BERLOU (Arrond.t de St-Pons).

La Séterée vaut   31.60 Ares.   (Voyez le n.º 18).
Le Setier   65.59 Litres.   (Voyez le n.º 52).
Le Muid   591.63.   (Voyez le n.º 102).
La Charge d'huile   181.80.   (Voyez le n.º 112).

BESSAN (Arrond.t de Beziers).

La Séterée vaut   24.65 Ares.   (Voyez le n.º 28).
Le Setier   65.59 Litres.   (Voyez le n.º 53).
Le Muid   692.41.   (Voyez le n.º 90).
La Charge d'huile   181.80.   (Voyez le n.º 112).

BEZIERS (Chef-lieu du 3.e Arrond.t).

La Séterée vaut	15.80 Ares.	(Voyez le n.o 41).
Le Setier	65.59 Litres.	(Voyez le n.o 52).
Le Muid	659.86.	(Voyez le n.o 92).
La Charge d'huile	181.80.	(Voyez le n.o 112).

BOISSERON (Arrond. de Montp.r).

La Séterée vaut	20.00 Ares.	(Voyez le n.o 31).
Le Setier	52.42 Litres.	(Voyez le n.o 62).
Le Muid	692.41.	(Voyez le n.o 81).
La Quarte d'huile	9.62.	(Voyez le n.o 112).

BOISSET (Arrond.t de St-Pons).

La Séterée vaut	40.44 Ares.	(Voyez le n.o 12).
Le Setier	86.90 Litres.	(Voyez le n.o 46).
Le Quarton	2.47.	(Voyez le n.o 106).
Le Quintal d'huile	44.89.	(Voyez le n.o 144).

BOUJAN (Arrond. de Beziers).

La Séterée vaut	15.80 Ares.	(Voyez le n.o 41).
Le Setier	65.59 Litres.	(Voyez le n.o 52).
Le Muid	659.86.	(Voyez le n.o 92).
La Charge d'huile	181.80.	(Voyez le n.o 112).

BOUSSAGUES (Arrond.t de Beziers).

La Séterée vaut	24.69 Ares.	(Voyez le n.o 25).
Le Setier	65.59 Litres.	(Voyez le n.o 52).
Le Muid	740.52.	(Voyez le n.o 77).
Le Quintal d'huile	44.89.	(Voyez le n.o 144).

BOUZIGUES (Arrond.t de Montpel.r).

La Séterée vaut	24.69 Ares.	(Voyez le n.o 25).
Le Setier	65.59 Litres.	(Voyez le n.o 52).
Le Muid	692.41.	(Voyez le n.o 81).
La Quarte d'huile	9.62.	(Voyez le n.o 140).

BRÉNAS (Arrond.t de Lodève).

La Séterée vaut	24.69 Ares.	(Voyez le n.o 25).
Le Setier	65.70 Litres.	(Voyez le n.o 51).
Le Muid	692.41.	(Voyez le n.o 88).
La Charge d'huile	169.68.	(Voyez le n.o 125).

BRIGNAC (Arrond.t de Lodève).

La Séterée vaut	24.69 Ares.	(Voyez le n.o 25).
Le Setier	65.70 Litres.	(Voyez le n.o 51).
Le Muid	692.41.	(Voyez le n.o 82).
Le Quintal d'huile	44.89.	(Voyez le n.o 144).

BRISSAC (Arrond.t de Montpellier).

La Séterée vaut	20.00 Ares.	(Voyez le n.o 31).
Le Setier	55.86 Litres.	(Voyez le n.o 60).
Le Muid	692.41.	(Voyez le n.o 81).
La Quarte d'huile	9.62.	(Voyez le n.o 140).

BUZIGNARGUES (Arr. de Montp.r.)

La Séterée vaut	20.00 Ares.	(Voyez le n.o 31).
Le Setier	52.42 Litres.	(Voyez le n.o 62).
Le Muid	692.41.	(Voyez le n.o 81).
La Quarte d'huile	9.62.	(Voyez le n.o 140).

CABRÉROLES (Arrond.t de Beziers).

La Séterée vaut	31.60 Ares.	(Voyez le n.o 18).
Le Setier	65.59 Litres.	(Voyez le n.o 52).
Le Muid	631.15.	(Voyez le n.o 98).
La Charge d'huile	181.80.	(Voyez le n.o 114).

CABRIÈRES (Arrond.t de Beziers).

La Séterée vaut	25.28 Ares.	(Voyez le n.o 24).
Le Setier	65.70 Litres.	(Voyez le n.o 52).
Le Muid	692.41.	(Voyez le n.o 89).
La Charge d'huile	161.60.	(Voyez le n.o 121).

CAMPAGNAN (Arrond.t de Lodève).

La Séterée vaut	22.75 Ares.	(Voyez le n.º 30).
Le Setier	63.03 Litres.	(Voyez le n.º 56).
Le Muid	692.41.	(Voyez le n.º 83).
La Charge d'huile	161.60.	(Voyez le n.º 128).

CAMPAGNE (Arrond.t de Montpellier).

La Séterée vaut	20.00 Ares.	(Voyez le n.º 31).
Le Setier	52.42 Litres.	(Voyez le n.º 62).
Le Muid	692.41.	(Voyez le n.º 81).
La Quarte d'huile	9.62.	(Voyez le n.º 140).

CAMPLONG (Arr.t de Beziers). (V. noté L).

La Séterée vaut	24.69 Ares.	(Voyez le n.º 25).
Le Setier	65.59 Litres.	(Voyez le n.º 58).
Le Muid	740.52.	(Voyez le n.º 77).
Le Quintal d'huile	44.89.	(Voyez le n.º 144).

CANDILLARGUES (Arrond.t de Montp.r).

La Séterée vaut	20.00 Ares.	(Voyez le n.º 31).
Le Setier	48.52 Litres.	(Voyez le n.º 64).
Le Muid	692.41.	(Voyez le n.º 81).
La Quarte d'huile	9.62.	(Voyez le n.º 140).

CANET (Arrondissement de Lodève).

La Séterée vaut	24.69 Ares.	(Voyez le n.º 26).
Le Setier	65.70 Litres.	(Voyez le n.º 51).
Le Muid	692.41.	(Voyez le n.º 83).
La Charge d'huile	161.60.	(Voyez le n.º 128).

CAPESTANG (Arrond.t de Beziers).

La Séterée vaut	15.80 Ares.	(Voyez le n.º 41).
Le Setier	65.59 Litres.	(Voyez le n.º 52).
Le Muid	591.63.	(Voyez le n.º 101).
La Charge d'huile	181.80.	(Voyez le n.º 112).

CARLENCAS et LEVAS (Arr.t de Beziers).

La Séterée vaut   31.60 Ares.   (Voyez le n.º 18).
Le Setier   61.68 Litres. (Voyez le n.º 58).
Le Muid   692.41.   (Voyez le n.º 86).
Le Quintal d'huile   44.89.   (Voyez le n.º 144).

CASSAGNOLES (Arr.t de St-Pons).

La Séterée vaut   40.44 Ares.   (Voyez le n.º 12).
Le Setier   70.62 Litres. (Voyez le n.º 49).
Le Quarton   2.47.   (Voyez le n.º 106).
La *Mesure* d'huile   7.19.   (Voyez le n.º 143).

CASTANET LE HAUT (Arr.t de Beziers).

La Séterée vaut   23.70 Ares.   (Voyez le n.º 29).
Le Setier   65.59 Litres. (Voyez le n.º 52).
Le Muid   762.24.   (Voyez le n.º 70).
Le Quintal d'huile   44.89.   (Voyez le n.º 144).

CASTELNAUD (Arrond.t de Montpellier).

La Séterée vaut   20.00 Ares.   (Voyez le n.º 31).
Le Setier   48.92 Litres. (Voyez le n.º 63).
Le Muid   692.41.   (Voyez le n.º 81).
La Quarte d'huile   9.62.   (Voyez le n.º 140).

CASTELNAUD-DE-GUERS (Arr.t de Beziers).

La Séterée vaut   24.69 Ares.   (Voyez le n.º 25).
Le Setier   63.03 Litres. (Voyez le n.º 56).
Le Muid   692.41.   (Voyez le n.º 83).
La Charge d'huile   169.68.   (Voyez le n.º 123).

CASTRIES (Arrond.t de Montpellier).

La Séterée vaut   20.00 Ares.   (Voyez le n.º 31).
Le Setier   48.92 Litres. (Voyez le n.º 63).
Le Muid   692.41.   (Voyez le n.º 81).
La Quarte d'huile   9.62.   (Voyez le n.º 140).

CAUSSES et VEYRAN (Arr.^t de Beziers).

La Séterée vaut	24.69 Ares.	(Voyez le n.º 25).
Le Setier	65.59 Litres.	(Voyez le n.º 52).
Le Muid.	788.80.	(Voyez le n.º 66).
La Charge d'huile	181.80.	(Voyez le n.º 114).

CAUSSIGNOJOULS (Arr.t de Beziers).

La Séterée vaut	26.23 Ares.	(Voyez le n.º 23).
Le Setier	65.59 Litres.	(Voyez le n.º 52).
Le Muid	631.15.	(Voyez le n.º 98).
La Charge d'huile	181.80.	(Voyez le n.º 114).

CAUX (Arrondissement de Beziers).

La Séterée vaut	15.80 Ares.	(Voyez le n.º 41).
Le Setier	63.03 Litres.	(Voyez le n.º 56).
Le Muid	659.86.	(Voyez le n.º 95).
La Charge d'huile	186.74.	(Voyez le n.º 108).

CAZAVIELLE (Arrond.t de Montpellier).

La Séterée vaut	20.00 Ares.	(Voyez le n.º 31).
Le Setier	55.86 Litres.	(Voyez le n.º 60).
Le Muid	692.41.	(Voyez le n.º 81).
La Quarte d'huile	9.62.	(Voyez le n.º 140).

CAZILLAC (Arrond.t de Montpellier).

La Séterée vaut	20.00 Ares.	(Voyez le n.º 31).
Le Setier	55.86 Litres.	(Voyez le n.º 60).
Le Muid	692.41.	(Voyez le n.º 81).
La Quarte d'huile	9.62.	(Voyez le n.º 140).

CAZOULS-L'HÉRAULT (Arr.t de Beziers).

La Séterée vaut	25.28 Ares.	(Voyez le n.º 24).
Le Setier	63.03 Litres.	(Voyez le n.º 56).
Le Muid	692.41.	(Voyez le n.º 89).
La Charge d'huile	169.68.	(Voyez le n.º 122).

CAZOULS-LÈS-BEZIERS (Arr.t de Beziers).

La Séterée vaut	24.69 Ares.	(Voyez le n.o 25).
Le Setier	65.59 Litres.	(Voyez le n.o 52).
Le Muid	788.80.	(Voyez le n.o 65).
La Charge d'huile	181.80.	(Voyez le n.o 112).

CÉBAZAN (Arrond.t de St-Pons).

La Séterée vaut	31.60 Ares.	(Voyez le n.o 18).
Le Setier	65.59 Litres.	(Voyez le n.o 52).
Le Muid	591.63.	(Voyez le n.o 102).
La Charge d'huile	181.80.	(Voyez le n.o 112).

CEILHES ET ROCOZELS (Arr.t de Lodève).

La Séterée vaut	24 69 Ares.	(Voyez le n.o 25).
La Setier	78.20 Litres.	(Voyez le n.o 47).
Le Muid	770.38.	(Voyez le n.o 69).
Le Quintal d'huile	44.89.	(Voyez le n.o 144).

CELLES (Arrond.t de Lodève).

La Séterée vaut	24.69 Ares.	(Voyez le n.o 25).
Le Setier	65.70 Litres.	(Voyez le n.o 51).
Le Muid	692.41.	(Voyez le n.o 90).
La Charge d'huile	169.68.	(Voyez le n.o 125).

CERS (Arrondissement de Beziers).

La Séterée vaut	24.69 Ares.	(Voyez le n.o 25).
Le Setier	65.59 Litres.	(Voyez le n.o 52).
Le Muid	659.86.	(Voyez le n.o 92).
La Charge d'huile	181.80.	(Voyez le n.o 114).

CESSENON (Arrond.t de St-Pons).

La Séterée vaut	24.69 Ares.	(Voyez le n.o 25).
Le Setier	65.59 Litres.	(Voyez le n.o 52).
Le Muid	788.80.	(Voyez le n.o 66).
La Charge d'huile	183.15.	(Voyez le n.o 110).

CESSERAS (Arrond.t de St-Pons).

La Séterée vaut 16.59 Ares. (Voyez le n.o 39).
Le Setier 70.62 Litres. (Voyez le n.o 49).
Le Muid 591.63. (Voyez le n.o 100).
La Charge d'huile 169.68. (Voyez le n.o 119).

CEYRAS (Arrond.t de Lodève).

La Séterée vaut 24.69 Ares. (Voyez le n.o 25).
Le Setier 65.70 Litres. (Voyez le n.o 51).
Le Muid 692.41. (Voyez le n.o 82).
La Charge d'huile 161.60. (Voyez le n.o 129).

CLAPIERS (Arrond.t de Montpellier).

La Séterée vaut 20.00 Ares. (Voyez le n.o 31).
Le Setier 48.92 Litres. (Voyez le n.o 63).
Le Muid 692.41. (Voyez le n.o 81).
La Quarte d'huile 9.62. (Voyez le n.o 140).

CLARET (Arrond.t de Montpellier).

La Séterée vaut 20.00 Ares. (Voyez le n.o 31).
Le Setier 55.62 Litres. (Voyez le n.o 61).
Le Muid 778.95. (Voyez le n.o 68).
Lr Quarte d'huile 10.80. (Voyez le n.o 137).

CLERMONT (Arrond.t de Lodève).

La Séterée vaut 24.69 Ares. (Voyez le n.o 25).
Le Setier 65.70 Litres. (Voyez le n.o 51).
Le Muid 692.41. (Voyez le n.o 91).
La Charge d'huile 169.68. (Voyez le n.o 125).

COLOMBIÈRES (Arrond.t de St-Pons).

La Séterée vaut 24.69 Ares. (Voyez le n.o 25).
Le Setier 65.59 Litres. (Voyez le n.o 52).
Le Muid 740.52. (Voyez le n.o 77).
Le Quintal d'huile 44.89. (Voyez le n.o 144).

COLOMBIERS (Arrond.t de Beziers).

La Séterée vaut	15.80 Ares.	(Voyez le n.º 41).
Le Setier	65.59 Litres.	(Voyez le n.º 52).
Le Muid	659.86.	(Voyez le n.º 92).
La Charge d'huile	181.80.	(Voyez le n.º 112).

COMBAILLAUX (Arr.t de Montpellier).

La Séterée vaut	20.00 Ares.	(Voyez le n.º 31).
Le Setier	48.92 Litres.	(Voyez le n.º 65).
Le Muid	692.41.	(Voyez le n.º 81).
La Quarte d'huile	9.62.	(Voyez le n.º 140).

COMBES, TERRE FORAINE DU POUJOL, (Ar. de B.).

La Séterée vaut	24.69 Ares.	(Voyez le n.º 25).
Le Setier	65.59 Litres.	(Voyez le n.º 52).
Le Muid	740.52.	(Voyez le n.º 77).
Le Quintal d'huile	44.89.	(Voyez le n.º 144).

CORNEILHAN (Arrond.t de Beziers).

La Séterée vaut	24.69 Ares.	(Voyez le n.º 25).
Le Setier	65.59 Litres.	(Voyez le n.º 52).
Le Muid	659.86.	(Voyez le n.º 92).
La Charge d'huile	181.80.	(Voyez le n.º 114).

COULOBRES (Arrond.t de Beziers).

La Séterée vaut	24.69 Ares.	(Voyez le n.º 25).
Le Setier	65.59 Litres.	(Voyez le n.º 52).
Le Muid	633.44.	(Voyez le n.º 97).
La Charge d'huile	181.80.	(Voyez le n.º 114).

COURNONSEC (Arrond.t de Montpellier).

La Séterée vaut	15.80 Ares.	(Voyez le n.º 41).
Le Setier	48.92 Litres.	(Voyez le n.º 63).
Le Muid	692.41.	(Voyez le n.º 81).
La Quarte d'huile	9.62.	(Voyez le n.º 140).

COURNONTERRAL (Arrond.t de Montpel.r).

La Séterée vaut	15.80 Ares.	(Voyez le n.º 41)
Le Setier	48.92 Litres.	(Voyez le n.º 63).
Le Muid	692.41.	(Voyez le n.º 81).
La Quarte d'huile	9.62.	(Voyez le n.º 140).

CREISSAN (Arrond.t de Beziers).

La Séterée vaut	24.69 Ares.	(Voyez le n.º 25).
Le Setier	65.59 Litres.	(Voyez le n.º 52).
Le Muid	591.63.	(Voyez le n.º 101).
La Charge d'huile	181.80.	(Voyez le n.º 112).

CRUZY (Arrond.t de St-Pons).

La Séterée vaut	24.69 Ares.	(Voyez le n.º 25).
Le Setier	65.59 Litres.	(Voyez le n.º 52).
Le Muid	591.63.	(Voyez le n.º 101).
La Charge d'huile	172.37.	(Voyez le n.º 117).

DIO et VALQUIÈRES (Arr.t de Lodève).

La Séterée vaut	24.69 Ares.	(Voyez le n.º 25).
Le Setier	60.98 Litres.	(Voyez le n.º 59).
Le Muid	692.41.	(Voyez le n.º 86).
Le Quintal d'huile	44.89.	(Voyez le n.º 144).

ESPONDEILHAN (Arrond.t de Beziers).

La Séterée vaut	24.69 Ares.	(Voyez le n.º 25).
Le Setier	65.59 Litres.	(Voyez le n.º 52).
Le Muid	633.44.	(Voyez le n.º 97).
La Charge d'huile	181.80.	(Voyez le n.º 114).

FABRÈGUES (Arrond.t de Montpellier).

La Séterée vaut	14.17 Ares.	(Voyez le n.º 43).
Le Setier	48.92 Litres.	(Voyez le n.º 63).
Le Muid	692.41.	(Voyez le n.º 81).
La Quarte d'huile	9.62.	(Voyez le n.º 140).

FAUGÈRES (Arrond.t de Beziérs).

La Séterée vaut	25.28 Ares.	(Voyez le n.o 24).
Le Setier	65.59 Litres.	(Voyez le n.o 52).
Le Muid	711.17.	(Voyez ls n.o 78).
La Charge d'huile	181.80.	(Voyez le n.o 114).

FÉLINES (Arrondissement de St-Pons).

La Séterée vaut	34.13. Ares.	(Voyez le n.o 16).
Le Setier	70.62 Litres.	(Voyez le n.o 49).
Le Muid	591.63.	(Voyez le n.o 100)
La Charge d'huile	172.37.	(V. n.o 117 et note E)

FERRALS (Arrond.t de St-Pons).

La Séterée vaut	40.44 Ares.	(Voyez le n.o 12).
Le Setier	70.62 Litres.	(Voyez le n.o 49).
Le Quarton	2.47.	(Voyez le n.o 106).
La *Mesure* d'huile	7.19.	(Voyez le n.o 143).

FERRIÈRE (Arrond.t de Montpellier).

La Séterée vaut	20.00 Ares.	(Voyez le n.o 31).
Le Setier	55.62 Litres.	(Voyez le n.o 61).
Le Muid	778.95.	(Voyez le n.o 68).
La Quarte d'huile	10.80.	(Voyez le n.o 137).

FERRIÈRES (Arrond.t de St-Pons).

La Séterée vaut	39.50 Ares.	(Voyez le n.o 13).
Le Setier	86.90 Litres.	(Voyez le n.o 46).
Le Muid	591.63.	(Voyez le n.o 102).
La Charge d'huile	181.80.	(Voyez le n.o 112).

FLORENSAC (Arrond.t de Beziers).

La Séterée vaut	24.65 Ares.	(Voyez le n.o 28).
Le Setier	65.59 Litres.	(Voyez le n.o 54).
Le Muid	692.41.	(Voyez le n.o 83).
La Charge d'huile	181.80.	(Voyez le n.o 115).

FONTANES (Arrond.t de Montpellier).

La Séterée vaut	20.00 Ares.	(Voyez le n.º 31).
Le Setier	55.62 Litres.	(Voyez le n.º 61).
Le Muid	778.95.	(Voyez le n.º 68).
La Charge d'huile	10.80.	(Voyez le n.º 137).

FONTÈS (Arrond.t de Beziers).

La Séterée vaut	24.69 Ares.	(Voyez le n.º 25).
Le Setier	63.03 Litres.	(Voyez le n.º 56).
Le Muid	659.86.	(Voyez le n.º 95).
La Charge d'huile	161.60.	(Voyez le n.º 127).

FOS (Arrond.t de Beziers).

La Séterée vaut	31.60 Ares.	(Voyez le n.º 18).
Le Setier	63.03 Litres.	(Voyez le n.º 56).
Le Muid	692.41.	(Voyez le n.º 89).
Le Quintal d'huile	44.89.	(Voyez le n.º 144).

FOUZILHON (Arrond.t de Beziers).

La Séterée vaut	25.28 Ares.	(Voyez le n.º 24).
Le Setier	65.59 Litres.	(Voyez le n.º 52).
Le Muid	659.86.	(Voyez le n.º 94).
La charge d'huile	181.80.	(Voyez le n.º 112).

FOZIERES (Arrond.t de Lodève).

La Séterée vaut	24.69 Ares.	(Voyez le n.º 25).
Le Setier	60.98 Litres.	(Voyez le n.º 59).
Le Muid	740.52.|	(Voyez le n.º 74).
La Charge d'huile	169.68.	(Voyez le n.º 124).

FRAISSE (Arrond.t de St-Pons).

La Séterée vaut	40.44 Ares.	(Voyez le n.º 12).
Le Setier	86.90 Litres.	(Voyez le n.º 46).
Le Quarton	3.70.	(Voyez le n.º 105).
La Mesure d'huile	7.19.	(Voyez le n.º 143).

FRONTIGNAN (Arrond.t de Montpellier).

La Séterée vaut	14.17 Ares.	(Voyez le n.º 43).
Le Setier	48.92 Litres.	(Voyez le n.º 63).
Le Muid	692.41.	(Voyez le n.º 81).
La Quarte d'huile	9.62.	(Voyez le n.º 140).

GABIAN (Arrondissement de Beziers).

La Séterée vaut	31.60 Ares.	(Voyez le n.º 18).
Le Setier	65.59 Litres.	(Voyez le n.º 52).
Le Muid	692.41.	(Voyez le n.º 89).
La Charge d'huile	181.80.	(Voyez le n.º 113).

GALLARGUES (Arrond.t de Montpellier).

La Séterée vaut	20.00 Ares.	(Voyez le n.º 31).
Le Setier	52.42 Litres.	(Voyez le n.º 62).
Le Muid	692.41.	(Voyez le n.º 81).
La Quarte d'huile	9.62.	(Voyez le n.º 140).

GANGES (Arrond.t de Montpellier).

La Séterée vaut	20.00 Ares.	(Voyez le n.º 31).
Le Setier	55.86 Litres.	(Voyez le n.º 60).
Le Muid	692.41.	(Voyez le n.º 81).
La Quarte d'huile	9.62.	(Voyez le n.º 140).

GARRIGUES (Arrond.t de Montpellier).

La Séterée vaut	20.00 Ares.	(Voyez le n.º 31).
Le Setier	52.42 Litres.	(Voyez le n.º 62).
Le Muid	692.41.	(Voyez le n.º 81).
La Quarte d'huile	9.62.	(Voyez le n.º 140).

GIGEAN (Arrond.t de Montpellier).

La Séterée vaut	19.75 Ares.	(Voyez le n.º 32).
Le Setier	48.92 Litres.	(Voyez le n.º 63).
Le Muid	692.41.	(Voyez le n.º 81).
La Quarte d'huile	9.62.	(Voyez le n.º 140).

GIGNAC (Arrondissement de Lodève).

La Séterée vaut	24.69 Ares.	(Voyez le n.º 26).
Le Setier	73.33 Litres.	(Voyez le n.º 48).
Le Muid	692.41.	(Voyez le n.º 82).
La Charge d'huile	161.60.	(Voyez le n.º 128).

GORNIÈS (Arrond.t de Montpellier).

La Séterée vaut	20.00 Ares.	(Voyez le n.º 31).
Le Setier	55.86 Litres.	(Voyez le n.º 60).
Le Muid	692.41.	(Voyez le n.º 81).
La Quarte d'huile	9.62.	(Voyez le n.º 140).

GRABELS (Arrond.t de Montpellier).

La Séterée vaut	14.17 Ares.	(Voyez le n.º 43).
Le Setier	48.92 Litres.	(Voyez le n.º 63).
Le Muid	692.41.	(Voyez le n.º 81).
La Quarte d'huile	9.62.	(Voyez le n.º 140).

GUZARGUES (Arrond.t de Montpel.r).

La Séterée vaut	20.00 Ares.	(Voyez le n.º 31).
Le Setier	48.92 Litres.	(Voyez le n.º 63).
Le Muid	692.41.	(Voyez le n.º 81).
La Quarte d'huile	9.62.	(Voyez le n.º 140).

HÉRÉPIAN (Arrond.t de Beziers).

La Séterée vaut	24.69 Ares.	(Voyez le n.º 25).
Le Setier	61.68 Litres.	(Voyez le n.º 58).
Le Muid	762.24.	(Voyez le n.º 71).
Le Quintal d'huile	44.89.	(Voyez le n.º 144).

JACOU (Arrond.t de Montpellier).

La Séterée vaut	20.00 Ares.	(Voyez le n.º 31).
Le Setier	48.92 Litres.	(Voyez le n.º 63).
Le Muid	692.41.	(Voyez le n.º 81).
La *Mesure* d'huile	9.62.	(Voyez le n.º 144).

JONCELS (Arrond.^t de Lodève).

La Séterée vaut	24.69 Ares.	(Voyez le n.º 25).
Le Setier	65.59 Litres.	(Voyez le n.º 52).
Le Muid	692.41.	(Voyez le n.º 85).
Le Quintal d'huile	44.89.	(Voyez le n.º 144).

JONQUIÈRES (Arrond.^t de Lodève).

La Séterée vaut	24.69 Ares.	(Voyez le n.º 25).
Le Setier	73.33 Litres.	(Voyez le n.º 48).
Le Muid	692.41.	(Voyez le n.º 82).
La Charge d'huile	161.60.	(Voyez le n.º 129).

JUVIGNAC (Arrond.^t de Montpellier).

La Séterée vaut	14.17 Ares.	(Voyez le n.º 43).
Le Setier	48.92 Litres.	(Voyez le n.º 63).
Le Muid	692.41.	(Voyez le n.º 81).
La Quarte d'huile	9.62.	(Voyez le n.º 140).

LA BLAQUIÈRE (Arrond.^t de Lodève).

La Séterée vaut	25.28 Ares.	(Voyez le n.º 24).
Le Setier	73.33 Litres.	(Voyez le n.º 48).
Le Muid	692.41.	(Voyez le n.º 82).
La Charge d'huile	161.60.	(Voyez le n.º 129).

LA BOISSIÈRE (Arrond.^t de Mont.^r).

La Séterée vaut	24.69 Ares.	(Voyez le n.º 25);
Le Setier	73.33 Litres.	(Voyez le n.º 48).
Le Muid	692.41.	(Voyez le n.º 81).
La Charge d'huile	169.68.	(Voyez le n.º 124).

LA CAUNETTE (Arrond.^t de St-Pons).

La Séterée vaut	24.69 Ares.	(Voyez le n.º 25).
Le Setier	70.62 Litres.	(Voyez le n.º 49).
Le Muid	591.63.	(Voyez le n.º 100).
La Charge d'huile	172.37.	(Voyez le n.º 118).

LA COSTE (Arrond.^t de Lodève).

La Séterée vaut	24.69 Ares.	(Voyez le n.º 25).
Le Setier	65.70 Litres.	(Voyez le n.º 51).
Le Muid	692.41.	(Voyez le n.º 82).
La Charge d'huile	161.60.	(Voyez le n.º 128).

LAGAMAS (Arrond.^t de Lodève).

La Séterée vaut	24.69 Ares.	(Voyez le n.º 26).
Le Setier	73.33 Litres.	(Voyez le n.º 48).
Le Muid	692.41.	(Voyez le n.º 82).
La Charge d'huile	157.11.	(Voyez le n.º 132).

LA LIVINIÉRE (Arrond.^t de St-Pons).

La Séterée vaut	34.13 Ares.	(Voyez le n.º 16).
Le Setier	70 62 Litres.	(Voyez le n.º 49).
Le Muid	591.63.	(Voyez le n.º 100).
La Charge d'huile	172.37.	(V. n.º 117 et note E).

LANSARGUES (Arrond.^t de Montpel.r).

La Carteirade vaut	29.99 Ares.	(Voyez le n.º 20).
Le Setier	48.52 Litres.	(Voyez le n.º 64).
Le Muid	692.41.	(Voyez le n.º 81).
La Canne d'huile	11.36.	(Voyez le n.º 136).

LA ROQUE (Arrond.^t de Montpellier).

La Séterée vaut	20.00 Ares.	(Voyez le n.º 31).
Le Setier	55. 86 Litres.	(Voyez le n.º 60).
Le Muid	692.41.	(Voyez le n.º 81).
La Quarte d'huile	9.62.	(Voyez le n.º 140).

LA SALVETAT (Arrond.^t de St-Pons).

La Séterée vaut	40.44 Ares.	(Voyez le n.º 12).
Le Setier	86.90 Litres.	(Voyez le n.º 46).
Le Quarton	3.70.	(Voyez le n.º 105).
Le *Mesure* d'huile	7.19.	(Voyez le n.º 143).

LATTES (Arrond.t de Montpellier).

La Séterée vaut	14.17 Ares.	(Voyez le n.º 43).
Le Setier	48.92 Litres.	(Voyez le n.º 63).
Le Muid	692.41.	(Voyez le n.º 81).
La Quarte d'huile	9.62.	(Voyez le n.º 140).

LAURENS (Arrond.t de Beziers).

La Séterée vaut	24.69 Ares.	(Voyez le n.º 25).
Le Setier	65.59 Litres.	(Voyez le n.º 52).
Le Muid	692.41.	(Voyez le n.º 88).
La Charge d'huile	181.80.	(Voyez le n.º 114).

LAURET (Arrond.t de Montpellier).

La Séterée vaut	20.00 Ares.	(Voyez le n.º 31).
Le Setier	55.62 Litres.	(Voyez le n.º 61).
Le Muid	778.95.	(Voyez le n.º 68).
La Quarte d'huile	18.80.	(Voyez le n.º 137).

LAUROUX (Arrondissement de Lodève).

La Séterée vaut	24.69 Ares.	(Voyez le n.º 25).
Le Setier	60.98 Litres.	(Voyez le n.º 59).
Le Muid	711.17.	(Voyez le n.º 79).
La Quintal d'huile	44.89.	(Voyez le n.º 144).

LA VALETTE (Arrond.t de Lodève).

La Séterée vaut	24.65 Ares.	(Voyez le n.º 27).
Le Setier	60.98 Litres.	(Voyez le n.º 59).
Le Muid	740.52.	(Voyez le n.º 74).
La Charge d'huile	169.68.	(Voyez le n.º 124).

LA VAQUERIE (Arrond.t de Lodève).

La Séterée vaut	24.69 Ares.	(Voyez le n.º 25).
Le Setier	65.59 Litres.	(Voyez le n.º 52).
Le Muid	649.13.	(Voyez le n.º 96).
La Quintal d'huile	44.89.	(Voyez le n.º 144).

LA VÉRUNE (Arrond.ᵗ de Montpellier).

La Séterée vaut	14.17 Ares.	(Voyez le n.º 43).
Le Setier	48.92 Litres.	(Voyez le n.º 63).
Le Muid	692.41.	(Voyez le n.º 81).
La Quarte d'huile	9.62.	(Voyez le n.º 140).

LE BOSC (Arrondissement de Lodève).

La Séterée vaut	24.69 Ares.	(Voyez le n.º 25).
Le Setier	60.98 Litres.	(Voyez le n.º 59).
Le Muid	740.52.	(Voyez le n.º 74).
Le Charge d'huile	161.60.	(Voyez le n.º 129).

LE CAUSSE DE LA SELLE (Ar. de Montp.).

La Séterée vaut	20.00 Ares.	(Voyez le n.º 31).
Le Setier	55.86 Litres.	(Voyez le n.º 60).
Le Muid	692.41.	(Voyez le n.º 81).
La Quarte d'huile	10.80.	(Voyez le n.º 137).

LE CAYLAR (Arrond.ᵗ de Lodève).

La Séterée vaut	24.69 Ares.	(Voyez le n.º 25).
Le Setier	60.69 Litres.	(Voyez le n.º 59).
Le Muid	591.63.	(Voyez le n.º 102).
La Quintal d'huile	44.89.	(Voyez le n.º 144),

LE CROS (Arrond.ᵗ de Lodève).

La Séterée vaut	24.69 Ares.	(Voyez le n.º 25).
Le Setier	60.98 Litres.	(Voyez le n.º 59).
Le Muid	591.63.	(Voyez le n.º 102),
La Quintal d'Huile	44.89.	(Voyez le n.º 144).

LE POUGET (Arrond.ᵗ de Lodève).

La Séterée vaut	24.69 Ares.	(Voyez le n.º 26).
Le Setier	73.33 Litres.	(Voyez le n.º 48).
Le Muid	692.41.	(Voyez le n.º 89).
La Charge d'huile	161.60.	(Voyez le n.º 128),

LE POUJOL (Arrond.t de Beziers).

La Séterée vaut	24.69 Ares.	(Voyez le n.º 25).
Le Setier	65.59 Litres.	(Voyez le n.º 52).
Le Muid	740.52.	(Voyez le n.º 77).
Le Quintal d'huile	44.89.	(Voyez le n.º 144).

LE PRADAL (Arrond.t de Beziers).

La Séterée vaut	24.69 Ares.	(Voyez le n.º 25).
La Setier	65.59 Litres.	(Voyez le n.º 52).
Le Muid	740.52.	(Voyez le n.º 77).
Le Quintal d'huile	44.89.	(Voyez le n.º 144).

LE PUECH (Arrond.t de Lodève).

La Séterée vaut	24.65 Ares.	(Voyez le n.º 27).
Le Setier	60.98 Litres.	(Voyez le n.º 59).
Le Muid	740.52.	(Voyez le n.º 74).
La Charge d'Huile	169.68.	(Voyez le n.º 124).

LESIGNAN LA CÈBE (Arr.t de Beziers).

La Séterée vaut	24.65 Ares.	(Voyez le n.º 27).
Le Setier	63.03 Litres.	(Voyez le n.º 56).
Le Muid	692.41.	(Voyez le n.º 89).
La Charge d'huile	161.60.	(Voyez le n.º 131).

LES MATELLES (Arrond.t de Montpel.r).

La Séterée vaut	20.00 Ares.	(Voyez le n.º 31).
Le Setier	48.92 Litres.	(Voyez le n.º 63).
Le Muid	692.41.	(Voyez le n.º 81).
La Quarte d'huile	9.62.	(Voyez le n.º 140).

LE SOULIÉ (Arrond.t de St-Pons).

La Séterée vaut	49.29 Ares.	(Voyez le n.º 9).
Le Setier	86.90 Litres.	(Voyez le n.º 46).
Le Quarton	3.70.	(Voyez le n.º 105).
La *Mesure* d'huile	7.19.	(Voyez le n.º 143).

LESPIGNAN (Arrond.t de Beziers).

La Séterée vaut 24.69 Ares. (Voyez le n.o 25).
Le Setier 65.59 Litres. (Voyez le n.o 52).
Le Muid 659.86. (Voyez le n.o 92).
La Charge d'huile 181.80. (Voyez le n.o 112).

LES PLANS (Arrond.t de Lodève).

La Séterée vaut 24.69 Ares. (Voyez le n.o 25).
Le Setier 60.98 Litres. (Voyez le n.o 59).
Le Muid 740.52. (Voyez le n.o 74).
La Charge d'huile 169.68. (Voyez le n.o 124).

LES RIVES (Arrondissement de Lodève).

La Séterée vaut 25.28 Ares. (Voyez le n.o 24).
Le Setier 60.98 Litres. (Voyez le n.o 59).
Le Muid 591.63. (Voyez le n.o 102).
Le Quintal d'huile 44.89. (Voyez le n.o 144).

LE TRIADOU (Arrond. de Montp.r).

La Séterée vaut 20.00 Ares. (Voyez le n.o 31).
Le Setier 48.92 Litres. (Voyez le n.o 63).
Le Muid 692.41. (Voyez le n.o 81).
La Quarte d'huile 9.62. (Voyez le n.o 140).

LIAUSSON (Arrond.t de Lodève).

La Séterée vaut 31.60 Ares. (Voyez le n.o 18).
Le Setier 65.70 Litres. (Voyez le n.o 51).
Le Muid 692.41. (Voyez le n.o 82).
La Charge d'huile 169.68. (Voyez le n.o 125).

LIEURAN-CABRIÈRES (Arr.t de Beziers).

La Séterée vaut 24.69 Ares. (Voyez le n.o 25).
Le Setier 65.70 Litres. (Voyez le n o 51).
Le Muid 659.86. (Voyez le n.o 95).
La Charge d'huile 161.60. (Voyez le n.o 130).

LIEURAN et RIBAUTE (Arr.t de Beziers).

La Séterée vaut	15.80 Ares.	(Voyez le n.º 41).
Le Setier	65.59 Litres.	(Voyez le n.º 52).
Le Muid	659.86.	(Voyez le n.º 92).
La Charge d'huile	181.80.	(Voyez le n.º 112).

LIGNAN (Arrondissement de Beziers).

La Séterée vaut	24.69 Ares.	(Voyez le n.º 25).
Le Setier	65.59 Litres.	(Voyez le n.º 52).
Le Muid	659.86.	(Voyez le n.º 92).
La Charge d'huile	181.80.	(Voyez le n.º 114).

LODÈVE (Chef-lieu du 1.er Arroud.t).

La Séterée vaut	24.65 Ares.	(Voyez le n.º 27).
Le Setier	60.98 Litres.	(Voyez le n.º 59).
Le Muid	740.52.	(Voyez le n.º 74).
La Charge d'huile	169.68.	(Voyez le n.º 124).

LOUPIAN (Arrond.t de Montpellier).

La Séterée vaut	24.69 Ares.	(Voyez le n.º 25).
Le Setier	63.03 Litres.	(Voyez le n.º 56).
Le Muid	692.41.	(Voyez le n.º 81).
La Charge d'huile	169.68.	(Voyez le n.º 124).

LUNAS (Arrondissement de Lodève).

La Séterée vaut	31.60 Ares.	(Voyez le n.º 18).
Le Setier	63.03 Litres.	(Voyez le n.º 55).
Le Muid	740.52.	(Voyez le n.º 77).
La Quintal d'huile	44.89.	(Voyez le n.º 144).

LUNEL-LA-VILLE (Arr. de Montpel.).

La Carteirade vaut	29.99 Ares.	(Voyez le n.º 20).
Le Setier	48.52 Litres.	(Voyez le n.º 64).
Le Muid	692.41.	(Voyez le n.º 81).
La Canne d'huile	11.36.	(Voyez le n.º 136).

LUNEL-VIEL (Arrond.t de Montpellier).

La *Carteirade* vaut	29.99 Ares.	(Voyez le n.º 20).
Le Setier	48.52 Litres.	(Voyez le n.º 64).
Le Muid	692.41.	(Voyez le n.º 81).
La Canne d'huile	11.36.	(Voyez le n.º 136).

MAGALAS (Arrond.t de Beziers).

La Séterée vaut	24.69 Ares.	(Voyez le n.º 25).
Le Setier	65.59 Litres.	(Voyez le n.º 52).
Le Muid	692.41.	(Voyez le n.º 84).
La Charge d'huile	188.53.	(Voyez le n.º 107).

MARAUSSAN et VILLENOUVETTE (Beziers).

La Séterée vaut	24.69 Ares.	(Voyez le n.º 25).
Le Setier	65.59 Litres.	(Voyez le n.º 52).
Le Muid	659.86.	(Voyez le n.º 92).
La Charge d'huile	181.80.	(Voyez le n.º 112).

MARGON (Arrond.t de Beziers).

La Séterée vaut	24.69 Ares.	(Voyez le n.º 25).
Le Setier	63.03 Litres.	(Voyez le n.º 56).
Le Muid	649.13.	(Voyez le n.º 96).
La Charge d'huile	181.80.	(Voyez le n.º 112).

MARSEILLAN (Arrond.t de Beziers).

La Séterée vaut	24.65 Ares.	(Voyez le n.º 28).
Le Setier	65.59 Litres.	(Voyez le n.º 52).
Le Muid	692.41.	(Voyez le n.º 83).
La Charge d'huile	161.60.	(Voyez le n.º 129).

MARSILLARGUES (Arr.t de Montpellier).

La *Carteirade* vaut	29.99 Ares.	(Voyez le n.º 20).
Le Setier	48.92 Litres.	(Voyez le n.º 64).
Le Muid	692.41.	(Voyez le n.º 81).
La Canne d'huile	10.80.	(Voyez le n.º 136).

MAS DE LONDRES (Arr.t de Montpellier).

La Séterée vaut	20.00 Ares.	(Voyez le n.º 31).
Le Setier	55.62 Litres.	(Voyez le n.º 61).
Le Muid	778.9 5.	(Voyez le n.º 68).
Le Quarte d'huile	10.80.	(Voyez le n.º 137).

MAUGUIO (Arrond.t de Montpellier).

La Séterée vaut	20.00 Ares.	(Voyez le n.º 31).
Le Setier	48.92 Litres.	(Voyez le n.º 63).
Le Muid	692.41.	(Voyez le n.º 81).
La Quarte d'huile	9.62.	(Voyez le n.º 140).

MAUREILHAN et RAMEJAN (Ar. de Beziers).

La Séterée vaut	24.69 Ares.	(Voyez le n.º 25).
Le Setier	65.59 Litres.	(Voyez le n.º 52).
Le Muid	659.86.	(Voyez le n.º 92).
La Charge d'huile	181.80.	(Voyez le n.º 114).

MÉRIFONS (Arrond.t de Lodève).

La Séterée vaut	24.69 Ares.	(Voyez le n.º 25).
Le Setier	65.70 Litres.	(Voyez le n.º 51).
Le Muid	692.41.	(Voyez le n.º 86).
La Charge d'huile	169.68.	(Voyez le n.º 125).

MÈZE (Arrond.t de Montpellier).

La Séterée vaut	24.69 Ares.	(Voyez le n.º 25).
Le Setier	65.59 Litres.	(Voyez le n.º 52).
Le Muid	692.41.	(Voyez le n.º 81).
La Charge d'huile	169.68.	(Voyez le n.º 124).

MINERVE (Arrond.t de St-Pons).

La Séterée vaut	32.59 Ares.	(Voyez le n.º 17).
Le Setier	70.65 Litres.	(Voyez le n.º 49).
Le Muid	591.63.	(Voyez le n.º 100).
La Charge d'huile	172.37.	(Voyez le n.º 118).

MIREVAL (Arrond.t de Montpellier).

La Séterée vaut	14.17 Ares.	(Voyez le n.o 43).
Le Setier	48.92 Litres.	(Voyez le n.o 63).
Le Muid	692.41.	(Voyez le n.o 81).
La Quarte d'huile	9.62.	(Voyez le n.o 140).

MONS (Arrondissement de St-Pons).

La Séterée vaut	35.55 Ares.	(Voyez le n.o 14).
Le Setier	88.71 Litres.	(Voyez le n.o 45).
Le Muid	692.41.	(Voyez le n.o 87).
La Quintal d'Huile	44.89.	(Voyez le n.o 144).

MONTADY (Arrond.t de Beziers).

La Séterée vaut	24.69 Ares.	(Voyez le n.o 25).
Le Setier	65.59 Litres.	(Voyez le n.o 52).
Le Muid	659.86.	(Voyez le n.o 92).
La Charge d'huile	181.80.	(Voyez le n.o 112).

MONTAGNAC (Arrond.t de Beziers).

La Séterée vaut	24.69 Ares.	(Voyez le n.o 25).
Le Setier	63.03 Litres.	(Voyez le n.o 56).
Le Muid	692.41.	(Voyez le n.o 83).
La Charge d'huile	181.80.	(Voyez le n.o 113).

MONTARNAUD (Arrond.t de Montpellier).

La Séterée vaut	20.00 Ares.	(Voyez le n.o 31).
Le Setier	48.92 Litres.	(Voyez le n.o 63).
Le Muid	692.41.	(Voyez le n.o 81).
La Quarte d'huile	9.62.	(Voyez le n.o 140).

MONTAUD (Arrond.t de Montpellier).

La Séterée vaut	20.00 Ares.	(Voyez le n.o 31).
Le Setier	48.92 Litres.	(Voyez le n.o 63).
Le Muid	692.41.	(Voyez le n.o 81).
La Quarte d'huile	9.62.	(Voyez le n.o 140).

6

MONTBAZIN (Arrond.t de Montpellier).

La Séterée vaut 16.80 Ares. (Voyez le n.o 38).
Le Setier 48.92 Litres. (Voyez le n.o 63).
Le Muid 692.41. (Voyez le n.o 81).
L'Émine d'huile 20.44. (Voyez le n.o 135).

MONTBLANC (Arrond.t de Beziers).

La Séterée vaut 24.69 Ares. (Voyez le n.o 25).
Le Setier 65.59 Litres. (Voyez le n.o 52).
Le Muid 659.86. (Voyez le n.o 93).
La Charge d'huile 181.80. (Voyez le n.o 114).

MONTELS (Arrondissement de Beziers).

La Séterée vaut 19.27 Ares. (Voyez le n.o 34).
Le Setier 65.59 Litres. (Voyez le n.o 52).
Le Muid 557.44. (Voyez le n.o 103).
La Charge d'huile 181.80. (Voyez le n.o 113).

MONTESQUIEU (Arrond.t de Beziers).

La Séterée vaut 31.60 Ares. (Voyez le n.o 18).
Le Setier 63.03 Litres. (Voyez le n.o 56).
Le Muid 692.41. (Voyez le n.o 89).
La Quintal d'huile 44.89. (Voyez le n.o 144).

MONTFERRIER (Arr.t de Montpellier).

La Séterée vaut 20.00 Ares. (Voyez le n.o 31).
Le Setier 48.92 Litres. (Voyez le n.o 63).
Le Muid 692.41. (Voyez le n.o 81).
La Quarte d'huile 9 62. (Voyez le n.o 140).

MONTOLIEU (Arr.t de Montpellier).

La Séterée vaut 20.00 Ares. (Voyez le n.o 31).
Le Setier 55.86 Litres. (Voyez le n.o 60).
Le Muid 778.95. (Voyez le n.o 68).
La Quarte d'huile 10.80. (Voyez le n.o 137).

MONTOULIERS (Arrond.t de St-Pons).

La Séterée vaut	24.69 Ares.	(Voyez le n.o 25).
Le Setier	65.59 Litres.	(Voyez le n.o 52).
Le Muid	591.63.	(Voyez le n.o 101).
La Charge d'huile	172.37.	(Voyez le n.o 117)=

MONTPEIROUX (Arrond.t de Lodève).

La Séterée vaut	24.69 Ares.	(Voyez le n.o 26).
Le Setier	73.33 Litres.	(Voyez le n.o 48).
Le Muid	692.41.	(Voyez le n.o 82).
La Charge d'huile	157.11.	(Voyez le n.o 134).

MONTPELLIER (Chef-lieu du Départ.t).

La Séterée vaut	14.17 Ares.	(Voyez le n.o 43).
Le Setier	48.92 Litres.	(Voyez le n.o 63).
Le Muid	692.41.	(Voyez le n.o 81).
La Quarte d'huile	9.62.	(Voyez le n.o 140).

MOULÈS (Arrond.t de Montpellier).

La Séterée vaut	20.00 Ares.	(Voyez le n.o 31).
Le Setier	55.86 Litres.	(Voyez le n.o 60).
Le Muid	692.41.	(Voyez le n.o 81).
La Quarte d'huile	9.62.	(Voyez le n.o 140).

MOURCAIROL (Arrond.t de Beziers).

La Séterée vaut	24.69 Ares.	(Voyez le n.o 25).
Le Setier	65.59 Litres.	(Voyez le n.o 52).
Le Muid	740.52.	(Voyez le n.o 77).
Le Quintal d'huile	44.89.	(Voyez le n.o 144).

MOURÈSE (Arrond.t de Lodève).

La Séterée vaut	31.60 Ares.	(Voyez le n.o 18).
Le Setier	65.70 Litres.	(Voyez le n.o 51).
Le Muid	692.41.	(Voyez le n.o 91).
La Charge d'huile	169.68.	(Voyez le n.o 125).

MUDAISON (Arrond.t de Montpellier).

La Séterée vaut   20.00 Ares.   (Voyez le n.º 31).
Le Setier   48.92 Litres. (Voyez le n.º 63).
Le Muid   692.41.   (Voyez le n.º 81).
La Quarte d'huile   9.62.   (Voyez le n.º 140).

MURLES (Arrond.t de Montpellier).

La Séterée vaut   20.00 Ares.   (Voyez le n.º 31).
Le Setier   48.92 Litres. (Voyez le n.º 63).
Le Muid   692.41.   (Voyez le n.º 81).
La Quarte d'huile   9.62.   (Voyez le n.º 140).

MURVIEL (Arrondissement de Beziers).

La Séterée vaut   15.80 Ares.   (Voyez le n.º 41).
Le Setier   65.59 Litres. (Voyez le n.º 52).
Le Muid   740.52.   (Voyez le n.º 73).
La Charge d'huile (M) 181.80.   (Voyez le n.º 114).

MURVIEL (Arrond.t de Montpellier).

La Séterée vaut   15.00 Ares.   (Voyez le n.º 42).
Le Setier   48.92 Litres. (Voyez le n.º 63).
Le Muid   692.41.   (Voyez le n.º 81).
La Quarte d'huile   9.62.   (Voyez le n.º 140).

NÉBIAN (Arrond.t de Lodève).

La Séterée vaut   24.69 Ares.   (Voyez le n.º 25).
Le Setier   65.70 Litres. (Voyez le n.º 51).
Le Muid   692.41.   (Voyez le n.º 83).
La Charge d'huile   169.68.   (Voyez le n.º 125).

NEFFIÈS (Arrond.t de Beziers).

La Séterée vaut   24.69 Ares.   (Voyez le n.º 25).
Le Setier   63.03 Litres. (Voyez le n.º 56).
Le Muid   692.41.   (Voyez le n.º 89).
La Charge d'huile   169.68.   (Voyez le n.º 120).

NÉSIGNAN L'ÉVÊQUE (Arr.t de Beziers).

La Séterée vaut   24.65 Ares.   (Voyez le n.º 27).
Le Setier   63.o3 Litres. (Voyez le n.o 56).
Le Muid   692.41.   (Voyez le n.o 83).
La Charge d'huile   161.6o.   (Voyez le n.º 131).

NISSAN (Arrond.t de Beziers).

La Séterée vaut   19.27 Ares.   (Voyez le n.º 34).
Le Setier   65.59 Litres. (Voyez le n.o 52).
Le Muid   659.86.   (Voyez le n.º 92).
La Charge d'huile   181.8o.   (Voyez le n.º 112).

NIZAS (Arrondissement de Beziers).

La Séterée vaut   24.69 Ares.   (Voyez le n.º 25).
Le Setier   63.o3 Litres. (Voyez le n.º 56).
Le Muid   649.13.   (Voyez le n.º 96).
La Charge d'huile (F) 169.68.   (Voyez le n.º 123).

NOTRE-DAME DE LONDRES (A.t de Montp.).

La Séterée vaut   20 oo Ares.   (Voyez le n.º 31).
Le Setier   55.62 Litres. (Voyez le n.º 61).
Le Muid   778.95.   (Voyez le n.º 68).
La Quarte d'huile   10.8o.   (Voyez le n.º 137).

OCTON (Arrond.t de Lodève).

La Séterée vaut   24.69 Ares.   (Voyez le n.º 25).
Le Setier   65.7o Litres. (Voyez le n.o 51).
Le Muid   740.52.   (Voyez le n.º 72).
La Charge d'huile   169.68.   (Voyez le n.º 114).

OLARGUES (Arrondissement de St-Pons).

La Séterée vaut   35.55 Ares.   (Voyez le n.º 14).
Le Setier   88.71 Litres. (Voyez le n.º 45).
Le Muid   711.17.   (Voyez le n.º 78).
Le Quintal d'huile   44.89.   (Voyez le n.º 144).

OLMET (Arrondissement de Lodève).

La Séterée vaut   24.65 Ares.   (Voyez le n.º 27).
Le Setier   60.98 Litres. (Voyez le n.º 59).
Le Muid   740.52.   (Voyez le n.º 74).
La Charge d'huile   169.68.   (Voyez le n.º 124).

OLONZAC (Arrond.ᵗ de St-Pons).

La Séterée vaut   24.69 Ares.   (Voyez le n.º 25).
Le Setier   70.62 Litres. (Voyez le n.º 49).
Le Muid   591.63.   (Voyez le n.º 100).
La Charge d'huile   161.60.   (Voyez le n.º 133).

OUPIA (Arrond.ᵗ de St-Pons).

La Séterée vaut   24.69 Ares.   (Voyez le n.º 25).
Le Setier   70.62 Litres. (Voyez le n.º 49).
Le Muid   691.63.   (Voyez le n.º 100).
La Charge d'huile   161.60.   (Voyez le n.º 133).

PAILHÈS (Arrond.ᵗ de Beziers).

La Séterée vaut   24.69 Ares.   (Voyez le n.º 25).
Le Setier   65.59 Litres. (Voyez le n.º 52).
Le Muid   659.82.   (Voyez le n.º 92).
La Charge d'huile   181.80.   (Voyez le n.º 114).

PARDAILHAN (Arrond.ᵗ de St-Pons).

La Séterée vaut   40.44 Ares.   (Voyez le n.º 12).
Le Setier   86.90 Litres. (Voyez le n.º 46).
Le Muid   591.63.   (Voyez le n.º 102).
La Charge d'huile   181.80.   (Voyez le n.º 112).

PARLATGES (Arrond.ᵗ de Lodève).

La Séterée vaut   24.69 Ares.   (Voyez le n.º 25).
Le Setier   60.98 Litres. (Voyez le n.º 59).
Le Muid   649.13.   (Voyez le n.º 96).
La Charge d'huile   169.68.   (Voyez le n.º 124).

PAULHAN (Arrond.t de Lodève).

La Séterée vaut	24.65 Ares.	(Voyez le n.o 27).
Le Setier	63.03 Litres.	(Voyez le n.o 56).
Le Muid	692.41.	(Voyez le n.o 89).
La Charge d'huile	161.60.	(Voyez le n.o 128).

PÉGAIROLES (Arrondissement de Lodève).

La Séterée vaut	24.69 Ares.	(Voyez le n.o 25).
Le Setier	60.98 Litres.	(Voyez le n.o 59).
Le Muid	591.63.	(Voyez le n.o 102).
La Charge d'huile	169.68.	(Voyez le n.o 124).

PÉGAIROLES (Arrond.t de Montpellier).

La Séterée vaut	31.24 Ares.	(Voyez le n.o 19).
Le Setier	55.62 Litres.	(Voyez le n.o 61).
Le Muid	778.95.	(Voyez le n.o 68).
La Quarte d'huile	10.80.	(Voyez le n.o 137).

PÉRET (Arrond.t de Beziers).

La Séterée vaut	24.69. Ares.	(Voyez le n.o 25).
Le Setier	65.70 Litres.	(Voyez le n.o 51).
Le Muid	659.86.	(Voyez le n.o 95).
La Charge d'huile	161.60.	(Voyez le n.o 130).

PÉROLS (Arrond.t de Montpellier).

La Séterée vaut	15.00 Ares.	(Voyez le n.o 42).
Le Setier	48.92 Litres.	(Voyez le n.o 63).
Le Muid	692.41.	(Voyez le n.o 81).
La Quarte d'huile	9.62.	(Voyez le n.o 140).

PÉZENAS (Arrond.t de Beziers).

La Séterée vaut	24.69 Ares.	(Voyez le n.o 25).
Le Setier	63.03 Litres.	(Voyez le n.o 56).
Le Muid	692.41.	(Voyez le n.o 83).
La Charge d'huile	169.68.	(Voyez le n.o 122).

PÉZÉNES (Arrond.t de Beziers).

La Séterée vaut	25.28 Ares.	(Voyez le n.º 24)'
Le Setier	63.03 Litres.	(Voyez le n.º 56).
Le Muid	692.41.	(Voyez le n.º 89).
Le Quintal d'huile	44.89.	(Voyez le n.º 144).

PIERRE-RUE (Arrond.t de St-Pons).

La Séterée vaut	31.60 Ares.	(Voyez le n.º 18).
Le Setier	70.62 Litres.	(Voyez le n.º 48).
Le Muid	591.63.	(Voyez le n.º 102).
La Charge d'huile	181.80.	(Voyez le n.º 112).

PIGNAN (Arrond.t de Montpellier).

La Séterée vaut	15.00 Ares.	(Voyez le n.º 42).
Le Setier	48.92 Litres.	(Voyez le n.º 63).
Le Muid	692.41.	(Voyez le n.º 81).
La Quarte d'huile	9.62.	(Voyez le n.º 140).

PINET (Arrond.t de Beziers).

La Séterée vaut	24.69 Ares.	(Voyez le n.º 25).
Le Setier	65.59 Litres.	(Voyez le n.º 54).
Le Muid	692.41.	(Voyez le n.º 83).
La Charge d'huile	181.80.	(Voyez le n.º 115).

PLAISSAN (Arrond.t de Lodève).

La Séterée vaut	47.40 Ares.	(Voyez le n.º 10)
Le Setier	63.03 Litres.	(Voyez le n.º 56)
Le Muid	692.41.	(Voyez le n.º 83).
La Charge d'huile	161.60.	(Voyez le n.º 128).

POILHES (Arrond.t de Beziers).

La Séterée vaut	15.80 Ares.	(Voyez le n.º 41).
Le Setier	65.59 Litres.	(Voyez le n.º 52).
Le Muid	659.86.	(Voyez le n.º 92).
La Charge d'huile	181.80.	(Voyez le n.º 112),

POMÉROLS (Arrond.t de Beziers).

La Séterée vaut	24.65 Ares.	(Voyez le n.o 27).
Le Setier	65.59 Litres.	(Voyez le n.o 52).
Le Muid	692.41.	(Voyez le n.o 83).
La Charge d'huile	181.80.	(Voyez le n.o 115).

POPIAN (Arrond.t de Lodève).

La Séterée vaut	15.80 Ares.	(Voyez le n.o 41).
Le Setier	73.33 Litres.	(Voyez le n.o 48).
Le Muid	692.41.	(Voyez le n.o 82).
La Charge d'huile	161.60.	(Voyez le n.o 128).

PORTIRAGNES (Arrond.t de Beziers).

La Séterée vaut	31.60 Ares.	(Voyez le n.o 18).
Le Setier	65.59 Litres.	(Voyez le n.o 52).
Le Muid	659.86.	(Voyez le n.o 92).
La Charge d'huile	181.80.	(Voyez le n.o 112).

POUJOLLES (Arrond.t de Beziers).

La Séterée vaut	24.69 Ares.	(Voyez le n.o 25).
Le Setier	65 59 Litres.	(Voyez le n.o 52).
Le Muid	633.44.	(Voyez le n.o 97).
La Charge d'huile	181.80.	(Voyez le n.o 113).

POUJOLS (Arrondissement de Lodève).

La Séterée vaut	24.69 Ares.	(Voyez le n.o 25).
Le Setier	60.98 Litres.	(Voyez le n.o 59).
Le Muid	621.19.	(Voyez le n.o 99).
La Charge d'huile	169.68.	(Voyez le n.o 124).

POUSSAN (Arrond.t de Montpellier).

La Séterée vaut	18.90 Ares.	(Voyez le n.o 35).
Le Setier	48.92 Litres.	(Voyez le n.o 63).
Le Quarton	692.41.	(Voyez le n.o 82)·
L'Émine d'huile	20.44.	(Voyez le n.o 135).

POUZOLS (Arrond.ᵗ de Lodève).

La Séterée vaut	24.69 Ares.	(Voyez le n.º 26).
Le Setier	73.33 Litres.	(Voyez le n.º 48).
Le Muid	692.41.	(Voyez le n.º 82).
La Charge d'huile	161.60.	(Voyez le n.º 128).

PRADES (Arrond.ᵗ de Montpellier).

La Séterée vaut	16.00 Ares.	(Voyez le n.º 40).
Le Setier	48.92 Litres.	(Voyez le n.º 63).
Le Muid	692.41.	(Voyez le n.º 81).
La Quarte d'huile	9.62.	(Voyez le n.º 140).

PRÉMIAN (Arrond.ᵗ de St-Pons).

La Séterée vaut	40.44 Ares.	(Voyez le n.º 12).
Le Setier	86.90 Litres.	(Voyez le n.º 46).
Le Quarton	3.70.	(Voyez le n.º 105).
La *Mesure* d'huile	7.19.	(Voyez le n.º 143).

PUECHABON (Arrond.ᵗ de Montpellier).

La Séterée vaut	24.69 Ares.	(Voyez le n.º 25).
Le Setier	73.73 Litres.	(Voyez le n.º 48).
Le Muid	692.41.	(Voyez le n.º 82).
La charge d'huile	165.42.	(Voyez le n.º 126).

PUI-LA-CHER (Arrond.ᵗ de Lodève).

La Séterée vaut	24.69 Ares.	(Voyez le n.º 26).
Le Setier	73.33 Litres.	(Voyez le n.º 48).
Le Muid	692.41.	(Voyez le n.º 82).
La Charge d'huile	161.60.	(Voyez le n.º 128).

PUIMISSON (Arrond.ᵗ de Beziers).

La Séterée vaut	24.69 Ares.	(Voyez le n.º 25).
Le Setier	65.59 Litres.	(Voyez le n.º 52).
Le Muid	692.41.	(Voyez le n.º 88).
La Charge d'huile	181.80.	(Voyez le n.º 112).

PUISSALICON (Arrond.t de Beziers).

La Séterée vaut	24.69 Ares.	(Voyez le n.º 25).
Le Setier	65.59 Litres.	(Voyez le n.º 52).
Le Muid	633.44.	(Voyez le n.º 97).
La Charge d'Huile	181.80.	(Voyez le n.º 114).

PUISSERGUIER (Arrond.t de Montpellier).

La Séterée vaut	24.69 Ares.	(Voyez le n.º 25).
Le Setier	65.59 Litres.	(Voyez le n.o 52).
Le Muid	591.63.	(Voyez le n.o 101).
La Charge d'huile	181.80.	(Voyez le n.º 112).

QUARANTE (Arrond.t de Beziers).

La Séterée vaut	24.69 Ares.	(Voyez le n.º 25).
Le Setier	65.59 Litres.	(Voyez le n.º 52).
Le Muid	591.63.	(Voyez le n.º 101).
La Charge d'huile	175.09.	(Voyez le n.º 116).

RESTINCLIÈRES (Arr.t de Montpellier).

La Séterée vaut	20.00 Ares.	(Voyez le n.º 31).
Le Setier	48.92 Litres.	(Voyez le n.º 63).
Le Muid	692.41.	(Voyez le n.º 81).
La Quarte d'huile	9.62.	(Voyez le n.º 140).

RIEUSSEC (Arrond.t de St-Pons).

La Séterée vaut	40.44 Ares.	(Voyez le n.º 12).
Le Setier	86.90 Litres.	(Voyez le n.º 46).
Le Quarton	2.70.	(Voyez le n.º 106).
Le *Mesure* d'huile	7.19.	(Voyez le n.º 143).

RIOLS (Arrondissement de St-Pons).

La Séterée vaut	43.01 Ares.	(Voyez le n.º 11).
Le Setier	86.90 Litres.	(Voyez le n.º 46).
Le Quarton	3.70.	(Voyez le n.º 105).
La *Mesure* d'huile	7.19.	(Voyez le n.º 143).

ROMIGNÈRES (Arrond.t de Lodève).

La Séterée vaut	31.60 Ares.	(Voyez le n.o 18).
Le Setier	60.98 Litres.	(Voyez le n.o 59).
Le Quarton	3.70.	(Voyez le n.o 105).
Le Quintal d'huile	44.89.	(Voyez le n.o 144).

ROQUEBRUN (Arrond.t de St-Pons).

La Séterée vaut	23.70 Ares.	(Voyez le n.o 29).
Le Setier	65.59 Litres.	(Voyez le n.o 52).
Le Muid	740.52.	(Voyez le n.o 77).
La Charge d'huile	183.15.	(Voyez le n.o 110).

ROQUEREDONDE DE TIEUDAS (Lodève).

La Séterée vaut	24.69 Ares.	(Voyez le n.o 25).
La Setier	60.98 Litres.	(Voyez le n.o 52).
Le Quarton	3.70.	(Voyez le n.o 105).
Le Quintal d'huile	44.89.	(Voyez le n.o 144).

ROQUESSELS (Arrond.t de Beziers).

La Séterée vaut	31.60 Ares.	(Voyez le n.o 18).
Le Setier	63.03 Litres.	(Voyez le n.o 56).
Le Muid	692.41.	(Voyez le n.o 89).
La Charge d'huile	181.80.	(Voyez le n.o 113).

ROUJAN (Arrond.t de Beziers).

La Séterée vaut	24.69 Ares.	(Voyez le n.o 25).
Le Setier	63.03 Litres.	(Voyez le n.o 56).
Le Muid	659.86.	(Voyez le n.o 94).
La Charge d'huile	181.80.	(Voyez le n.o 112).

St-ANDRÉ (Arrond.t de Lodève).

La Séterée vaut	24.69 Ares.	(Voyez le n.o 26).
Le Setier	73.33 Litres.	(Voyez le n.o 48).
Le Muid	692.41.	(Voyez le n.o 82).
La Charge d'huile	161.60.	(Voyez le n.o 128).

St-ANDRÉ de BUÉGES (Arr.t de Montp.r).

La Séterée vaut	15.80 Ares.	(Voyez le n.o 41).
Le Setier	55.62 Litres.	(Voyez le n.o 61).
Le Muid	778.95.	(Voyez le n.o 68).
Le Quarte d'huile	10.80.	(Voyez le n.o 138).

St-BAUZILE de LA SYLVE (Arr.t de Lodève).

La Séterée vaut	24.69 Ares.	(Voyez le n.o 26).
Le Setier	73.33 Litres.	(Voyez le n.o 48).
Le Muid	692.41.	(Voyez le n.o 82).
La Charge d'huile	161.60.	(Voyez le n.o 128).

St-BAUZILE de MONTMEL (Arr. de Montp.r).

La Séterée vaut	20.00 Ares.	(Voyez le n.o 31).
Le Setier	48.92 Litres.	(Voyez le n.o 63).
Le Muid	692.41.	(Voyez le n.o 81).
La Quarte d'huile	9.62.	(Voyez le n.o 140).

St-BAUZILE de PUTOIS (Arr.t de Montp.r).

La Séterée vaut	20.00 Ares.	(Voyez le n.o 31).
Le Setier	55.86 Litres.	(Voyez le n.o 60).
Le Muid	692.41.	(Voyez le n.o 81).
La Quarte d'huile	10.34.	(Voyez le n.o 139).

St-BRÈS (Arrond.t de Montpellier).

La Séterée vaut	20.00 Ares.	(Voyez le n.o 31).
Le Setier	48.92 Litres.	(Voyez le n.o 63).
Le Muid	692.41.	(Voyez le n.o 81).
La Quarte d'huile	9.62.	(Voyez le n.o 140).

St-CHINIAN (Arrond.t de St-Pons).

La Séterée vaut	27.65 Ares.	(Voyez le n.o 21).
Le Setier	70.62 Litres.	(Voyez le n.o 49).
Le Muid	591.63.	(Voyez le n.o 102).
La Charge d'huile	181.80.	(Voyez le n.o 112).

St-CRISTOL (Arrond.t de Montpellier).

La Séterée vaut	20.00 Ares.	(Voyez le n.º 31).
Le Setier	48.52 Litres.	(Voyez le n.º 64).
Le Muid	692.41.	(Voyez le n.º 81).
La Quarte d'huile	9.62.	(Voyez le n.º 140).

St-CLÉMENT (Arrond.t de Montpellier).

La Séterée vaut	20.00 Ares.	(Voyez le n.º 31).
Le Setier	48.92 Litres.	(Voyez le n.º 63).
Le Muid	692.41.	(Voyez le n.º 81).
La Quarte d'huile	9.62.	(Voyez le n.º 140).

STE-CROIX DE QUINTILLARGUES (Montp.).

La Séterée vaut	20.00 Ares.	(Voyez le n.º 31).
Le Setier	48.92 Litres.	(Voyez le n.º 63).
Le Muid	692.41.	(Voyez le n.º 81).
La Quarte d'huile	9.62.	(Voyezle n.º 140).

St-DRÉZÉRY (Arrond.t de Montpellier).

L. Séterée vaut	20.00 Ares.	(Voyez le n.º 31).
Le Setier	48.92 Litres.	(Voyez le n.º 63).
Le Muid	692.41.	(Voyez le n.º 81).
La Quarte d'huile	9.62.	(Voyez le n.º 140).

St-ÉTIENNE D'ALBAGNAN (Arr.t de St-Pons).

La Séterée vaut	40.44 Ares.	(Voyez le n.º 12).
Le Setier	86.90 Litres.	(Voyez le n.º 46).
Le Quarton	3.70.	(Voyez le n.º 105).
La *Mesure* d'huile	7.19.	(Voyez le n.º 143).

St-ÉTIENNE DE GOURGAS (Arr.t de Lodève).

La Séterée vaut	24.69 Ares.	(Voyez le n.º 25).
Le Setier	60.98 Litres.	(Voyez le n.º 59).
Le Muid	649.13.	(Voyez le n.º 96).
La Charge d'huile	169.68.	(Voyez le n.º 124).

St-ÉTIENNE de ROUET (Arr.t de Montp.r).

La Séterée vaut	20.00 Ares.	(Voyez le n.o 31).
Le Setier	55.62 Litres.	(Voyez le n.o 61).
Le Muid	778.95.	(Voyez le n.o 68).
Le Quintal d'huile	44.89.	(Voyez le n.o 144).

St-FELIX de L'HÉRAS (Arrond.t de Lodève).

La Séterée vaut	25.28 Ares.	(Voyez le n.o 24).
Le Setier	60.98 Litres.	(Voyez le n.o 59).
Le Quarton	3.70.	(Voyez le n.o 105).
Le Quintal d'huile	44.89.	(Voyez le n.o 144).

St-FELIX de LODÉS (Arrond.t de Lodève).

La Séterée vaut	24.69 Ares.	(Voyez le n.o 25).
Le Setier	65.70 Litres.	(Voyez le n.o 51).
Le Muid	692.41.	(Voyez le n.o 82).
Le Charge d'huile	161.60.	(Voyez le n.o 129).

St-GELY du FESQ (Arr.t de Montpellier).

La Séterée vaut	20.00 Ares.	(Voyez le n.o 31).
Le Setier	48.92 Litres.	(Voyez le n.o 63).
Le Muid	692.41.	(Voyez le n.o 81).
La Quarte d'huile	9.62.	(Voyez le n.o 140).

St-GEORGE d'ORQUES (Arr.t de Montp.r).

La Séterée vaut	15.00 Ares.	(Voyez le n.o 42).
Le Setier	48.92 Litres.	(Voyez le n.o 63).
Le Muid	692.41.	(Voyez le n.o 81).
La Quarte d'huile	9.62.	(Voyez le n.o 140).

St-GERVAIS-LA-VILLE (Arr.t de Beziers).

La Séterée vaut	23.70 Ares.	(Voyez le n.o 29).
Le Setier	65.59 Litres.	(Voyez le n.o 52).
Le Muid	762.24.	(Voyez le n.o 70).
Le Quintal d'huile	44.89.	(Voyez le n.o 144).

St-GERVAIS, TERRE FORAINE (A. Beziers).

La Séterée vaut	23.70 Ares.	(Voyez le n.º 29).
Le Setier	65.59 Litres.	(Voyez le n.º 52).
Le Muid	762.24.	(Voyez le n.º 70).
Le Quintal d'huile	44.89.	(Voyez le n.º 144).

St-GENIÉS (Arrond.ᵗ de Montpellier).

La Séterée vaut	20.00 Ares.	(Voyez le n.º 31).
Le Setier	48.92 Litres.	(Voyez le n.º 63).
Le Muid	692.41.	(Voyez le n.º 81).
Le Quarte d'huile	9.62.	(Voyez le n.º 140).

St-GÉNIES LE BAS (Arrond.ᵗ de Beziers).

La Séterée vaut	24.69 Ares.	(Voyez le n.º 25).
Le Setier	65.59 Litres.	(Voyez le n.º 52).
Le Muid	692.41.	(Voyez le n.º 81).
La Charge d'huile	181.80.	(Voyez le n.º 136).

St-GÉNIES DE VARANSAL (Arr.ᵗ de Beziers).

La Séterée vaut	23.70 Ares.	(Voyez le n.º 29).
Le Setier	65.59 Litres.	(Voyez le n.º 52).
Le Muid	762.24.	(Voyez le n.º 70).
Le Quintal d'huile	44.89.	(Voyez le n.º 144).

St-GUILHEN LE DESERT (Arr.ᵗ de Montp.ʳ).

La Séterée vaut	24.69 Ares.	(Voyez le n.º 25).
Le Setier	73.33 Litres.	(Voyez le n.º 48).
Le Muid	710.70.	(Voyez le n.º 80).
La Charge d'huile	165.42.	(Voyez le n.º 126).

St-GUIRAUD (Arrond.ᵗ de Montpellier).

La Séterée vaut	24.69 Ares.	(Voyez le n.º 25).
Le Setier	73.33 Litres.	(Voyez le n.º 48).
Le Muid	692.41.	(Voyez le n.º 82).
La Charge d'huile	161.60.	(Voyez le n.º 129).

St-HILAIRE (Arrond.t de Montpellier).

La Séterée vaut	20.00 Ares.	(Voyez le n.º 31).
Le Setier	52.42 Litres.	(Voyez le n.º 62).
Le Muid	692.41.	(Voyez le n.º 81).
La Quarte d'huile	9.62	(Voyez le n.º 140).

St-JEAN DE BUÈGES (Arr.t de Montp.r).

La Séterée vaut	15.80 Ares.	(Voyez le n.º 41).
Le Setier	55.62 Litres.	(Voyez le n.º 61).
Le Muid	692.41.	(Voyez le n.º 81).
La Quarte d'huile	10.80.	(Voyez le n.º 138).

St-JEAN DE COCULLES (Arr.t de Montp.r).

La Séterée vaut	20.00 Ares.	(Voyez le n.º 31).
Le Setier	48.92 Litres.	(Voyez le n.º 63).
Le Muid	692.41.	(Voyez le n.º 81).
La Quarte d'huile	9.62.	(Voyez le n.º 140).

St-JEAN DE FOS (Arrond.t de Beziers).

La Séterée vaut	24.69 Ares.	(Voyez le n.º 25).
Le Setier	73.33 Litres.	(Voyez le n.º 48).
Le Muid	740.52.	(Voyez le n.º 75).
La Charge d'huile	161.60.	(Voyez le n.º 132).

St-JEAN DE GORNIÈS (Arr.t de Montp.r).

La Séterée vaut	20.00 Ares.	(Voyez le n.º 31).
Le Setier	48.92 Litres.	(Voyez le n.º 63).
Le Muid	692.41.	(Voyez le n.º 81).
La Quarte d'huile	9.62.	(Voyez le n.º 140).

St-JEAN DE VÉDAS (Arr.t de Montpellier).

La Séterée vaut	14.17 Ares.	(Voyez le n.º 43).
Le Setier	48.92 Litres.	(Voyez le n.º 63).
Le Muid	692.41.	(Voyez le n.º 81).
La Quarte d'huile	9.62.	(Voyez le n.º 140).

St-JULIEN (Arrond.t de St-Pons).

La Séterée vaut	35.55 Ares.	(Voyez le n.º 14).
Le Setier	88.71 Litres.	(Voyez le n.º 45).
Le Muid	711.17.	(Voyez le n.º 78).
Le Quintal d'huile	44.89.	(Voyez le n.º 144).

St-JUST (Arrond.t de Montpellier).

La *Carteirade* vaut	29.99 Ares.	(Voyez le n.º 20).
Le Setier	48.52 Litres.	(Voyez le n.º 64).
Le Muid	692.41.	(Voyez le n.º 81).
La Canne d'huile	11.36.	(Voyez le n.º 136).

St-MARTIN DE CASTRIES (Arr.t de Lodève).

La Séterée vaut	24.69 Ares.	(Voyez le n.o 25).
Le Setier	73.33 Litres.	(Voyez le n.o 48).
Le Muid	692.41.	(Voyez le n.º 82).
Le Quintal d'huile	44.89.	(Voyez le n.º 144).

St-MARTIN DE L'ARÇON (Arr.t de St-Pons).

La Séterée vaut	24.65 Ares.	(Voyez le n.º 27).
Le Setier	65.59 Litres.	(Voyez le n.º 52).
Le Quarton	740.52.	(Voyez le n.º 77).
Le Quintal d'huile	44.89.	(Voyez le n.º 144).

St-MARTIN DE LONDRES (Arr.t de Montp.r).

La Séterée vaut	20.00 Ares.	(Voyez le n.º 31).
Le Setier	55.62 Litres.	(Voyez le n.º 61).
Le Muid	778.95.	(Voyez le n.º 68).
La Quarte d'huile	10.80.	(Voyez le n.º 137).

St-MARTIN DES COMBES (Arr.t de Lodève).

La Séterée vaut	24.65 Ares.	(Voyez le n.º 27).
Le Setier	60.98 Litres.	(Voyez le n.º 59).
Le Muid	740.52.	(Voyez le n.º 74).
La Charge d'huile	169.68.	(Voyez le n.º 124).

Sᴛ-MATHIEU ᴅᴇ TRÉVIERS (Montpellier).

La Séterée vaut	20.00 Ares.	(Voyez le n.º 31).
Le Setier	48.92 Litres.	(Voyez le n.º 63).
Le Muid	692.41.	(Voyez le n.º 81).
La Quarte d'huile	9.62.	(Voyez le n.º 140).

Sᴛ-MAURICE (Arrond.ᵗ de Lodève).

La Séterée vaut	20.00 Ares.	(Voyez le n.º 31).
Le Setier	65.59 Litres	(Voyez le n.º 52).
Le Muid	38.47.	(Voyez le n.º 104).
La Quarte d'huile	8.98.	(Voyez le n.º 142).

Sᴛ-MICHEL ᴅ'ALAJOU (Arr.ᵗ de Lodève).

La Séterée vaut	24.69 Ares.	(Voyez le n.º 25).
Le Setier	60.98 Litres.	(Voyez le n.º 59).
Le Muid	3.70.	(Voyez le n.º 105).
Le Quintal d'huile	44.89.	(Voyez le n.º 144).

Sᴛ-NAZAIRE (Arrond.ᵗ de Montpellier).

La Séterée vaut	20.00 Ares.	(Voyez le n.º 31).
Le Setier	48.52 Litres.	(Voyez le n.º 64).
Le Muid	692.41.	(Voyez le n.º 81).
La Quarte d'huile	11.36.	(Voyez le n.º 137).

Sᴛ-NAZAIRE ᴅᴇ LADARÈS (Arr.ᵗ de Beziers).

La Séterée vaut	31.60 Ares.	(Voyez le n.º 18).
Le Setier	65.59 Litres.	(Voyez le n.º 52).
Le Muid	788.80.	(Voyez le n.º 67).
La Charge d'huile	181.80.	(Voyez le n.º 114).

Sᴛ-PARGOIRE (Arrond.ᵗ de Lodève).

La Séterée vaut	31.60 Ares.	(Voyez le n.º 18).
Le Setier	63.03 Litres.	(Voyez le n.º 56).
Le Muid	692.41.	(Voyez le n.º 83).
La Charge d'huile	161.60.	(Voyez le n.º 128).

St-PAUL VALMALLE (Arrond.t de Montp.r).

La Séterée vaut	20.00 Ares.	(Voyez le n.º 31).
Le Setier	48.92 Litres.	(Voyez le n.º 63).
Le Muid	692.41.	(Voyez le n.º 81).
La Quarte d'huile	9.62.	(Voyez le n.º 140).

St-PONS DE MAUCHIENS (Arr.t de Beziers).

La Séterée vaut	24.69 Ares.	(Voyez le n.º 25).
Le Setier	63.03 Litres.	(Voyez le n.º 56).
Le Muid	692.41.	(Voyez le n.º 83).
La Charge d'huile	161.60.	(Voyez le n.º 127).

St-PONS (Chef-lieu du 4.e Arrondissement).

La Séterée vaut	40.44 Ares.	(Voyez le n.º 12)•
Le Setier	86.90 Litres.	(Voyez le n.º 46).
Le Quarton	3.70.	(Voyez le n.º 105).
La *Mesure* d'huile	7.19.	(Voyez le n.º 143).

St-PRIVAT (Arrondissement de Lodève).

La Séterée vaut	24.69 Ares.	(Voyez le n.º 25).
Le Setier	60.98 Litres.	(Voyez le n.º 59).
Le Muid	692.41.	(Voyez le n.º 82).
La Charge d'huile	169.68.	(Voyez le n.º 124).

St-SATURNIN (Arrond.t de Lodève).

La Séterée vaut	24.69 Ares.	(Voyez le n.º 25).
Le Setier	73.33 Litres.	(Voyez le n.º 48).
Le Muid	692.41.	(Voyez le n.º 82).
La Charge d'huile	161.60.	(Voyez le n.º 129).

St-SERIÉS (Arrond.t de Montpellier).

La *Carteirade* vaut	29.99 Ares.	(Voyez le n.º 20).
Le Setier	48.92 Litres.	(Voyez le n.º 63).
Le Muid	692.41.	(Voyez le n.º 81).
La Quarte d'huile	9.62.	(Voyez le n.º 140).

St-THIBERY (Arrond.t de Beziers).

La Séterée vaut	24.65. Ares.	(Voyez le n.o 27).
Le Setier	65.59 Litres.	(Voyez le n.o 53).
Le Muid	692.41.	(Voyez le n.o 83).
La Charge d'huile	181.80.	(Voyez le n.o 113).

St-VINCENT (Arrond.t de St-Pons).

La Séterée vaut	35.55 Ares.	(Voyez le n.o 13).
Le Setier	88.71 Litres.	(Voyez le n.o 45).
Le Muid	711.17.	(Voyez le n.o 78).
Le Quintal d'huile	44.89.	(Voyez le n.o 144).

St-VINCENT (Arrond.t de Montpellier).

La Séterée vaut	20.00 Ares.	(Voyez le n.o 31).
Le Setier	48.92 Litres.	(Voyez le n.o 63).
Le Muid	692.41.	(Voyez le n.o 81).
La Quarte d'huile	9.62.	(Voyez le n.o 140).

SALASC (Arrondissement de Lodéve).

La Séterée vaut	24.69 Ares.	(Voyez le n.o 25).
Le Setier	65.70 Litres.	(Voyez le n.o 51).
Le Muid	740.52.	(Voyez le n.o 76).
La Charge d'huile	169.68.	(Voyez le n.o 125).

SATURARGUES (Arrond.t de Montpellier).

La *Carteirade* vaut	29.99 Ares.	(Voyez le n.o 20).
Le Setier	48.52 Litres.	(Voyez le n.o 64).
Le Muid	692.41.	(Voyez le n.o 81).
La Quarte d'huile	9.62.	(Voyez le n.o 140).

SAUMONT (Arrond.t de Lodéve).

La Séterée vaut	24.69 Ares.	(Voyez le n.o 25).
Le Setier	60.98 Litres.	(Voyez le n.o 59).
Le Muid	740.52.	(Voyez le n.o 74).
La Charge d'huile	169.68.	(Voyez le n.o 124).

SAUSSAN (Arrond.t de Montpellier).

La Séterée vaut   15.00 Ares.   (Voyez le n.o 42).
Le Setier   48.92 Litres. (Voyez le n.o 63).
Le Muid   692.41.   (Voyez le n.o 81).
La Quarte d'huile   9.62.   (Voyez le n.o 140).

SAUSSINES (Arrond.t de Montpellier).

La Séterée vaut   20.00 Ares.   (Voyez le n.o 31).
Le Setier   48.92 Litres. (Voyez le n.o 63).
Le Muid   692.41.   (Voyez le n.o 81).
La Quarte d'huile   9.62.   (Voyez le n.o 140).

SAUTAIRARGUES (Arrond.t de Montp.r).

La Séterée vaut   20.00 Ares.   (Voyez le n.o 31).
Le Setier   55.62 Litres. (Voyez le n.o 61).
Le Muid   778.95.   (Voyez le n.o 68).
La Quarte d'huile   10.80.   (Voyez le n.o 137).

SAUVIAN (Arrond.t de Beziers).

La Séterée vaut   24.69 Ares.   (Voyez le n.o 25).
Le Setier   65.59 Litres. (Voyez le n.o 52).
Le Muid   659.86.   (Voyez le n.o 92).
La Charge d'huile   181.80.   (Voyez le n.o 112).

SÉRIGNAN (Arrond.t de Beziers).

La Séterée vaut   24.69 Ares.   (Voyez le n.o 25).
Le Setier   65.59 Litres. (Voyez le n.o 52).
Le Muid   659.86.   (Voyez le n.o 92).
La Charge d'Huile   181.80.   (Voyez le n.o 112).

SERVIAN (Arrondissement de Beziers).

La Séterée vaut   15.80 Ares.   (Voyez le n.o 41).
Le Setier   65.59 Litres. (Voyez le n.o 52).
Le Muid   633.44.   (Voyez le n.o 97).
La Charge d'huile   181.80.   (Voyez le n.o 112).

SETTE (Arrond.t de Montpellier).

La Séterée vaut   24.69 Ares. (Voyez le n.º 25).
Le Setier   65.59 Litres. (Voyez le n.º 52).
Le Muid   692.41.   (Voyez le n.º 81).
La Quarte d'huile   9.62.   (Voyez le n.º 141).

SIRAN (Arrond.t de St-Pons).

La Séterée vaut   26.70 Ares. (Voyez le n.º 22).
Le Setier   70.62 Litres. (Voyez le n.º 59).
Le Muid   591.63.   (Voyez le n.º 100).
La Charge d'huile   172.37.   (V. n.º 117 et note E).

SORBS (Arrond.t de Lodève).

La Séterée vaut   20.00 Ares. (Voyez le n.º 31).
Le Setier   60.98 Litres. (Voyez le n.º 59).
Le Muid   3.70.   (Voyez le n.º 105).
Le Quintal d'huile   44.89.   (Voyez le n.º 144).

SOUBÈS (Arrond.t de Beziers).

La Séterée vaut   24.69 Ares. (Voyez le n.º 25).
Le Setier   60.98 Litres. (Voyez le n.º 59).
Le Muid (V. note N)   649.13   (Voyez le n.º 96).
La Charge d'huile   169.68.   (Voyez le n.º 124).

SUSSARGUES (Arrond.t de Montpellier).

La Séterée vaut   20.00 Ares. (Voyez le n.º 31).
Le Setier   48.92 Litres. (Voyez le n.º 63).
Le Muid   692 41.   (Voyez le n.º 81).
La Quarte d'huile   9.62.   (Voyez le n.º 140).

TAUSSAC et DOUX (Arrond.t de Beziers).

La Séterée vaut   24.69 Ares. (Voyez le n.º 25).
Le Setier   65.59 Litres. (Voyez le n.º 63).
Le Muid   762.24.   (Voyez le n.º 70).
La Charge d'huile   44.89.   (Voyez le n.º 144).

TEYRAN (Arrond.ᵗ de Montpellier).

La Séterée vaut   20.00 Ares. (Voyez le n.º 31).
Le Setier   48.92 Litres. (Voyez le n.º 63).
Le Muid   692.41.   (Voyez le n.º 81).
La Quarte d'huile |9.62.   (Voyez le n.º 140).

THÉZAN (Arrond.ᵗ de Beziers).

La Séterée vaut   24.69 Ares. (Voyez le n.º 25).
Le Setier   65.59 Litres. (Voyez le n.º 52).
Le Muid   659.86.   (Voyez le n.º 92).
La Charge d'huile   181.80.   (Voyez le n.º 112).

TOURBES (Arrond.ᵗ de Beziers).

La Séterée vaut   24.69 Ares. (Voyez le n.º 25).
Le Setier   63.03 Litres. (Voyez le n.º 56).
Le Muid   649.13.   (Voyez le n.º 96).
La Charge d'huile   169.68.   (Voyez le n.º 122).

TRESSAN (Arrond.ᵗ de Lodève).

La Séterée vaut   24.69 Ares.   (Voyez le n.º 26).
Le Setier   73.33 Litres. (Voyez le n.º 48).
Le Muid   692.41.   (Voyez le n.º 82).
La Charge d'huile   161.60.   (Voyez le n.º 128).

USCLATS (Arrond.ᵗ de Lodève).

La Séterée vaut   24.69 Ares.   (Voyez le n.º 25).
Le Setier   60.98 Litres. (Voyez le n.º 59).
Le Muid   692.41.   (Voyez le n.º 82).
La Charge d'huile   169.68.   (Voyez le n.º 124).

USCLATS-L'HÉRAULT (Arr.ᵗ de Beziers).

La Séterée vaut   25.28 Ares.   (Voyez le n.º 24).
Le Setier   63.03 Litres. (Voyez le n.º 56).
Le Muid   692.41.   (Voyez le n.º 89).
La Charge d'huile   161.60.   (Voyez le n.º 127).

VACQUIERS (Arrond.t de Montpellier).

La Séterée vaut	20,00 Ares.	(Voyez le n.º 31).
Le Setier	55.62 Litres.	(Voyez le n.º 61).
Le Muid	778.95.	(Voyez le n.º 68).
La Quarte d'huile	10.80.	(Voyez le n.º 137).

VAILHAN (Arrondissement de Beziers).

La Séterée vaut	31.60 Ares.	(Voyez le n.º 18).
Le Setier	63.03 Litres.	(Voyez le n.º 56).
Le Muid	711.17.	(Voyez le n.º 78).
La [Charge d'huile	169.68.	(Voyez le n.º 120).

VAILHAUQUÈS (Arrond.t de Montpellier).

La Séterée vaut	20,00 Ares.	(Voyez le n.º 31).
Le Setier	48.92 Litres.	(Voyez le n.º 63).
Le Muid	692.41.	(Voyez le n.º 81).
La Quarte d'huile	9.62.	(Voyez le n.º 140).

VALERGUES (Arrond.t de Montpellier).

La Séterée vaut	20.00 Ares.	(Voyez le n.º 31).
Le Setier	48.52 Litres.	(Voyez le n.º 64).
Le Muid	692.41.	(Voyez le n.º 81).
La Quarte d'huile	11.36.	(Voyez le n.º 136).

VALFLAUNÈS (Arrond.t de Montpellier).

La Séterée vaut	20.00 Ares.	(Voyez le n.º 31).
Le Setier	55.62 Litres.	(Voyez le n.º 61).
Le Muid	778.95.	(Voyez le n.º 68).
La Quarte d'huile	10.80.	(Voyez le n.º 137).

VALMASCLE (Arrond.t de Lodève).

La Séterée vaut	24.69 Ares.	(Voyez le n.º 25).
Le Setier	65.70 Litres.	(Voyez le n.º 51).
Le Muid	692.41.	(Voyez le n.º 86).
La Charge d'huile	169.68.	(Voyez le n.º 125).

VALROS (Arrond.t de Beziers).

La Séterée vaut	24.69 Ares.	(Voyez le n.º 25).
Le Setier	63.03 Litres.	(Voyez le n.º 56).
Le Muid (V. note O)	649.13.	(Voyez le n.º 96).
La Charge d'huile	181.80.	(Voyez le n.º 113).

VELLIEUX (Arrondissement de St-Pons).

La Séterée vaut	40.44 Ares.	(Voyez le n.º 12).
Le Setier	86.90 Litres.	(Voyez le n.º 46).
Le Muid	591.63.	(Voyez le n.º 100).
La *Mesure* d'huile	7.19.	(Voyez le n.º 143).

VENDARGUES (Arrond.t de Montpellier).

La Séterée vaut	20.00 Ares.	(Voyez le n.o 31).
Le Setier	48.92 Litres.	(Voyez le n.,o 63).
Le Muid	692.41.	(Voyez le n.º 81).
La Quarte d'huile	9.62.	(Voyez le n.º 140).

VENDÉMIAN (Arrond.t de Lodève).

La Séterée vaut	22.75 Ares.	(Voyez le n.º 30).
Le Setier	73.33 Litres.	(Voyez le n.º 48).
Le Muid	692.41.	(Voyez le n.º 82).
La Charge d'huile	161.60.	(Voyez le n.º 128).

VENDRES (Arrondissement de Beziers).

La Séterée vaut	24.69 Ares.	(Voyez le n.o 25).
Le Setier	65.59 Litres.	(Voyez le n.o 52).
Le Muid	659.86.	(Voyez le n.º 92).
La Charge d'huile	181.80.	(Voyez le n.º 112).

VÉRARGUES (Arrond.t de Montpellier).

La *Carteirade* vaut	29.99 Ares.	(Voyez le n.º 20).
Le Setier	48.52 Litres.	(Voyez le n.º 64).
Le Muid	692.41.	(Voyez le n.º 81).
La Canne d'huile	11.36.	(Voyez le n.º 136).

VIAS ᴇᴛ PRÉGNES (Arrond.ᵗ de Beziers).

La Séterée vaut	24.69 Ares.	(Voyez le n.º 25).
Le Setier	65.59 Litres.	(Voyez le n.º 52).
Le Muid	659.86.	(Voyez le n.º 93).
La Charge d'huile	181.80.	(Voyez le n.º 112).

VIC (Arrondissement de Montpellier).

La Séterée vaut	14.17 Ares.	(Voyez le n.º 43).
Le Setier	48.92 Litres.	(Voyez le n.º 63).
Le Muid	692.41.	(Voyez le n.º 81).
La Quarte d'huile	9.62.	(Voyez le n.º 140).

VIEUSSAN (Arrondissement de St-Pons).

La Séterée vaut	31.60 Ares.	(Voyez le n.º 18).
Le Setier	65.59 Litres.	(Voyez le n.º 52).
Le Muid	740.52.	(Voyez le n.º 77).
La Charge d'huile (E)	172.37.	(Voyez le n.º 117).

VILLACUN (Arrond.ᵗ de Lodève).

La Séterée vaut	24.69 Ares.	(Voyez le n.º 25).
Le Setier	60.98 Litres.	(Voyez le n.º 59).
Le Muid	740.52.	(Voyez le n.º 74).
La Charge d'huile	169.68.	(Voyez le n.º 124).

VILLEMAGNE (Arrond.ᵗ de Beziers).

La Séterée vaut	24.69 Ares.	(Voyez le n.º 25).
Le Setier	65.59 Litres.	(Voyez le n.º 52).
Le Muid	762.24.	(Voyez le n.º 70).
Le Quintal d'huile	44.89.	(Voyez le n.º 144).

VILLENEUVE-LÈS-MAGUELONE (Montp.ʳ).

La Séterée vaut	14.17 Ares.	(Voyez le n.º 43).
Le Setier	48.92 Litres.	(Voyez le n.º 63).
Le Muid	692.41.	(Voyez le n.º 81).
La Quarte d'huile	9.62.	(Voyez le n.º 140).

VILLENEUVE-LÈS-BEZIERS (A.t de Beziers).

La Séterée vaut	24.69 Ares.	(Voyez le n.o 25).
Le Setier	65.59 Litres.	(Voyez le n.o 52).
Le Muid	659.86.	(Voyez le n.o 92).
La Charge d'huile	181.80.	(Voyez le n.o 114).

VILLENOUVETTE (Arrond.t de Lodève).

La Sétcrée vaut	24.69 Ares.	(Voyez le n.o 25).
Le Setier	65.70 Litres.	(Voyez le n.o 51).
Le Muid	692.41.	(Voyez le n.o 91).
La Charge d'huile	169.68.	(Voyez le n.o 125).

VILLEPASSANS (Arrond.t de St-Pons).

La Séterée vaut	27.65 Ares.	(Voyez le n.o 21).
Le Setier	70.62 Litres.	(Voyez le n.o 49).
Le Muid	591.63.	(Voyez le n.o 102).
La Charge d'huile	181.80.	(Voyez le n.o 112).

VILLETELLE (Arrond.t de Montpellier).

La *Carteirade* vaut	29.99 Ares.	(Voyez le n.o 20).
Le Setier	48.52 Litres.	(Voyez le n.o 64).
Le Muid	692.41.	(Voyez le n.o 81).
La Quarte d'huile	9.62.	(Voyez le n.o 140).

VILLEVEYRAC (Arrond.t de Montpellier).

La Séterée vaut	24.69 Ares.	(Voyez le n.o 25).
Le Setier	65.59 Litres.	(Voyez le n.o 52).
Le Muid	692.41.	(Voyez le n.o 81).
La Charge d'huile	169.68.	(Voyez le n.o 124).

VIOLS-EN-LAVAL (Arr.t de Montpellier).

La Séterée vaut	20.00 Ares.	(Voyez le n.o 31).
Le Setier	55.62 Litres.	(Voyez le n.o 61).
Le Muid	778.95.	(Voyez le n.o 68).
Le Quintal d'huile	44.89.	(Voyez le n.o 144).

VIOLS-LE-FORT (Arr.t de Montpellier).

La Séterée vaut	17.84 Ares.	(Voyez le n.º 36).
Le Setier	55.62 Litres.	(Voyez le n.º 61).
Le Quarton	778.95.	(Voyez le n.º 68).
Le Quintal d'huile	44.89.	(Voyez le n.º 144).

NOTES.

(A) On n'était pas dans l'usage dans ce Département de mesurer le bois de chauffage, on le vendait à poids.

(B) Cette Séterée était employée dans quelques communes du Département, il est cependant à présumer qu'elle a été introduite par l'usage et qu'elle se compose réellement de 156 dextres 1/4.

(C) La réduction des Mesures de capacité pour le vin est faite d'après la capacité intérieure des vases, sans égard à la lie.

(D) Le Pot est quelquefois synonyme de Quarton, et quelquefois synonyme de *Piché* : dans le premier cas, il se divise en 4 Feuillettes ; dans le second, il ne se divise qu'en deux Feuillettes seulement. La Feuillette se divise toujours en 2 *Truquettes*.

(E) Cette commune divise sa charge pour l'huile en 24 *Mesures*; la *Mesure* se subdivise en 16 Fioles (la Fiole pesant une livre poids de table). La Charge étant la même, et la *Mesure*, la moitié de celle dont la réduction est donnée au n.º 117, il eût été inutile de donner un numéro particulier pour cette réduction.

(F) Cette commune usitait encore la Charge d'huile, Mesure de Pézenas, dont la réduction est donnée au n.º 122.

(G) La réduction des diverses Mesures pour l'huile a été faite d'après la capacité intérieure des matrices; elle ne pouvait l'être d'après le poids, attendu qu'il varie selon la qualité de l'huile (Voyez note M).

(H) Plusieurs des communes que je renvoie à ce n.º, sont le plus souvent dans l'usage de vendre l'huile au poids (Voyez le n.º 144).

(I) Les communes que je renvoie à ce n.º, ne récoltent pas d'huile, on y en porte des communes voisines et on l'y vend au poids.

(K) Le hameau de Cabrials et autres circonvoisins dépendans de la commune d'Aumelas, font usage du Setier, Mesure de Pézenas, dont la réduction est donnée au n.º 56.

(L) Le village de St-Martin d'Orb et les hameaux du Bousquet, Cazillac, La Seguinerie et Fontainilles dépendans de la commune de Camplong, employaient les Mesures de la commune de Lunas dont ils faisaient autrefois partie (Voyez Lunas).

(M) Cette commune suppose sa charge d'huile peser 411 liv., les matrices sont cependant les mêmes qu'à Beziers, où la charge n'est censée peser que 405 liv. (Voyez note G).

(N) Dans la commune de Soubès, on divise le Muid en 12 Pagelles ; la Pagelle se subdivise indifféremment en 45 Pots ou *Pichés*, Mesure de Montpellier , ou en 10 *Cannades* contenant chacune 9 Feuillettes ; on peut facilement en opérer la réduction , au moyen de celle qui est donnée au n.º 96 pour la commune de Valros où le Muid est le même, variant seulement pour les subdivisions de la Pagelle (Voyez note O).

(O) Dans la commune de Valros, le Muid se divise en 12 Pagelles ; la Pagelle se subdivise indifféremment en 22 1/2 Pots ou Quartons, Mesure de Pézenas , ou en 45 Pots ou *Pichés*, Mesure de Montpellier ; on peut aisément opérer cette réduction à l'aide du n.º 96.

APPENDICE.

Lors de la division du département de l'Hérault en cantons , quelques communes furent supprimées , et la réunion en fut faite à d'autres communes ; quelques communes aussi subirent des changemens dans leurs noms : il ne sera pas inutile de donner ici les dénominations nouvelles, portées dans le vocabulaire.

CHATEAU de LONDRES	Voyez	MAS de LONDRES.
COLOMBIÉS	Voyez	BAILLARGUES.
DOUCH	Voyez	TAUSSAC.
LÉVAS	Voyez	CARLENCAS.
LONDRES	Voyez	MAS de LONDRES.
PREIGNES	Voyez	VIAS.
RAMÉJAN	Voyez	MAUREILHAN.
RIBAUTE	Voyez	LIEURAN.
ROCOZELS	Voyez	CEILHES.
ROUET	V.	ST-ETIENNE-de-ROUET.
ST-AMANS	Voyez	LE POUGET.
TRÉVIERS	V.	ST-MATHIEU-de-TRÉVIERS.
VALQUIÈRES	Voyez	DIO.
VEYRAN	Voyez	CAUSSES.
VILLENOUVETTE	Voyez	MARAUSSAN.

N. B. Quelques personnes comptent 334 communes dans le département de l'Hérault

qui, dans le fait, n'en contient que 333.
Cette différence vient de ce qu'en réunissant au Pouget la commune de St-Amans,
on a cependant continué de faire un rôle
particulier , pour la contribution foncière
de cette commune réunie qui, dans le fond,
n'aurait jamais dû étre considérée comme
commune, puisqu'elle ne renferme dans son
enceinte aucune habitation.

Nous Soussignés, composant la Commission des Poids et Mesures du département de l'Hérault, nous étant réunis à l'Hôtel de la Préfecture, le 19 du courant, sur l'invitation de Monsieur le Préfet, pour lui donner notre avis définitif sur un manuscrit, dont nous nous étions occupés depuis long-temps, et qui même avait été l'objet de plusieurs rapports ; ledit manuscrit intitulé : *Tables de comparaison entre les anciens Poids et Mesures du département de l'Hérault et les nouveaux Poids et Mesures*, etc. *par M. Fort aîné, de St-Pons*, nous chargeâmes ledit jour MM. *Carney* et *Collot* de procéder à l'examen définitif de cet ouvrage. Leur rapport, en date d'avant-hier, 28 du même mois, est conçu dans les termes qui suivent :

MESSIEURS ,

« Les *Tables de comparaison entre les*
» *anciens Poids et Mesures du département*
» *de l'Hérault et les nouveaux Poids et*
» *Mesures*, etc. *par M. Fort aîné, de St-Pons*,
» que vous nous avez chargés, le 19 du

» présent mois, d'examiner définitivement,
» et dont nous avions suivi les progrès,
» en qualité de commissaires permanens,
» nommés par vous à cet effet, ont succes-
» sivement reçu plusieurs améliorations, qui
» les ont mises enfin dans l'état dont nous
» allons vous rendre compte ».

« Après une introduction assez courte,
» et qu'il n'était même guère possible de
» resserrer dans des limites plus étroites, la
» première section présente, depuis le N.º
» 1 jusqu'au N.º 8 inclusivement, des tables
» de comparaison entre les Mesures na-
» tionales, et celles qui étaient communes à
» tout le département de l'Hérault, savoir :
» le *Poids* dit *de table*, et la *Canne*, mesure
» de longueur, de superficie et de solidité.
» Quant à la partie variable, qui consiste
« dans les Mesures agraires, les Mesures
» à grain, les Mesures pour le vin et
» les Mesures pour l'huile, les 333
» communes du département offraient, en
» réunissant ces quatre genres, 136 varié-
» tés : nombre, qui, à toute force, aurait
» pu se trouver près de dix fois plus consi-
» dérable ; car il n'était pas absolument
» impossible qu'il s'élevât à 1332, quadruple
» de 333.
» Ce sont les tableaux de ces 136 variétés,

» que présente graduellement , en allant
» toujours du fort au faible pour les détails
» de chaque genre , la seconde section de
» l'ouvrage qui nous occupe. Les 36 premiers
» tableaux , depuis le n.º 9 jusqu'au n.º 44
» inclusivement , sont relatifs aux mesures
» agraires ; les 20 qui suivent , aux mesures
» à grain ; les 42 qui viennent après , aux
» mesures pour le vin ; les 38 derniers ,
» enfin , aux mesures pour l'huile. === *Voilà*
» *le répertoire , où l'on est sûr de trouver*
» *au besoin , avec les unités principales des*
» *quatre genres variables , toutes leurs petites*
» *espèces sans exception.*

   » Restait à faire connaître , auxquels de
» ces 136 tableaux de mesures variables , se
» rapportaient celles de chaque commune
» du département : et cet objet se trouve
» parfaitement rempli par une table alpha-
» bétique , ou vocabulaire , de toutes les
» communes qui le composent. Là , en
» énonçant les quatre unités principales ci-
» devant usitées dans chaque commune , la
» table alphabétique renvoie, à mesure, aux
» numéro de la seconde section, où chacune
» de ces unités se trouve accompagnée, comme
» nous l'avons déjà dit , de toutes ses subdi-
» visions. === *De cette marche il résulte une*
» *vérification singulièrement précieuse pour*

» *l'unité principale de chaque genre des*
» *mesures variables.*

»L'ouvrage renferme encore quelques aver-
» tissemens, ainsi que des notes essentielles :
» et les premiers, dont le but est d'établir
» une parfaite correspondance entre les di-
» verses parties, sont placés en des endroits
» si apparens, que tout homme, qui ouvri-
» rait ce livre pour la première fois, en
» ferait usage avec presque autant de facilité,
» que celui qui s'en serait servi de longue
» main ».

« Nous finissons, en déclarant que le ma-
» nuscrit dont nous venons de vous rendre
» compte de la manière la plus succincte que
» possible, nous a paru méthodique,
» complet, en concordance dans tous ses
» détails, disposé d'une façon très-commode ;
» et qu'à ces divers titres il nous paraît mé-
» riter l'approbation de la Commission des
» poids et mesures ».

A Montpellier, ce 28 messidor an 13.

Signés CARNEY, COLLOT.

Nous soussignés, composant la Commission
des poids et mesures du département de
l'Hérault, ouï le rapport de MM. CARNEY et

COLLOT chargés depuis long-temps par nous, de l'examen suivi, mais provisoire, et enfin le 19 du courant de l'examen définitif d'un manuscrit intitulé: *Tables de comparaison entre les anciens Poids et Mesures du Département de l'Hérault et les nouveaux Poids et Mesures*, etc. *par M. Fort aîné, de St-Pons*, adoptons ce rapport en tout son contenu.

A Montpellier, ce 30 Messidor an 13.

POITEVIN-DU-BOUSQUET, POUTINGON, inspecteur des Poids et Mesures, DANYZY, CARNEY, COLLOT.

LE Préfet du département de l'Hérault;

Vu le rapport de la Commission des Poids et Mesures, au sujet du manuscrit intitulé: *Tables de comparaison entre les anciens Poids et Mesures du département de l'Hérault, et les nouveaux Poids et Mesures*, etc. *par M. Fort aîné, de St-Pons*;

Autorise le dit sieur *Fort*, à faire imprimer les tables dont il s'agit.

Fait à Montpellier, le 4 Thermidor an 13.

NOGARET.

Par le Préfet;

Le Secrétaire-général,

BOUGETTE.

TABLE.

Instruction.   *I.*

COMPARAISON ENTRE LES ANCIENS POIDS ET
     MESURES DU DÉPARTEMENT, ET LES NOUVEAUX.

PREMIÈRE SECTION.

MESURES COMMUNES A TOUT LE DÉPARTEMENT.

1º. *Mesures linéaires.* Page	1.
2º. *Mesures carrées ou de superficie.*	2.
3º. *Mesures cubiques ou de solidité.*	3.
4º. *Des Poids.*	4.

SECONDE SECTION.

MESURES QUI VARIENT SUIVANT LES LIEUX.

1º. *Mesures agraires.*	5.
2º. *Mesures pour les grains.*	18.
3º. *Mesures pour le vin.*	25.
4º. *Mesures pour l'huile.*	39.
Vocabulaire ou liste alphabétique des communes du département.	53.
Notes.	110.
Appendice.	113.

ERRATA.

Page 32 Ligne 10 CARLENEAS *lisez* CARLENCAS
    43   21 N.º 121   N.º 120

N. Le Lecteur suppléera facilement aux fautes d'ortho-
graphe, de ponctuation et d'accentuation qu'il trouvera.